Lamouri Hammal
Bellara Nedjer-Kolli

Stratégie de Synthèse en Serie Hétérocyclique

Lamouri Hammal
Bellara Nedjer-Kolli

Stratégie de Synthèse en Serie Hétérocyclique

Quinoxalines, Benzotriazoles, Benzodiazépines et Benzimidazoles

Presses Académiques Francophones

Impressum / Mentions légales

Bibliografische Information der Deutschen Nationalbibliothek: Die Deutsche Nationalbibliothek verzeichnet diese Publikation in der Deutschen Nationalbibliografie; detaillierte bibliografische Daten sind im Internet über http://dnb.d-nb.de abrufbar.
Alle in diesem Buch genannten Marken und Produktnamen unterliegen warenzeichen-, marken- oder patentrechtlichem Schutz bzw. sind Warenzeichen oder eingetragene Warenzeichen der jeweiligen Inhaber. Die Wiedergabe von Marken, Produktnamen, Gebrauchsnamen, Handelsnamen, Warenbezeichnungen u.s.w. in diesem Werk berechtigt auch ohne besondere Kennzeichnung nicht zu der Annahme, dass solche Namen im Sinne der Warenzeichen- und Markenschutzgesetzgebung als frei zu betrachten wären und daher von jedermann benutzt werden dürften.

Information bibliographique publiée par la Deutsche Nationalbibliothek: La Deutsche Nationalbibliothek inscrit cette publication à la Deutsche Nationalbibliografie; des données bibliographiques détaillées sont disponibles sur internet à l'adresse http://dnb.d-nb.de.
Toutes marques et noms de produits mentionnés dans ce livre demeurent sous la protection des marques, des marques déposées et des brevets, et sont des marques ou des marques déposées de leurs détenteurs respectifs. L'utilisation des marques, noms de produits, noms communs, noms commerciaux, descriptions de produits, etc, même sans qu'ils soient mentionnés de façon particulière dans ce livre ne signifie en aucune façon que ces noms peuvent être utilisés sans restriction à l'égard de la législation pour la protection des marques et des marques déposées et pourraient donc être utilisés par quiconque.

Coverbild / Photo de couverture: www.ingimage.com

Verlag / Editeur:
Presses Académiques Francophones
ist ein Imprint der / est une marque déposée de
OmniScriptum GmbH & Co. KG
Heinrich-Böcking-Str. 6-8, 66121 Saarbrücken, Deutschland / Allemagne
Email: info@presses-academiques.com

Herstellung: siehe letzte Seite /
Impression: voir la dernière page
ISBN: 978-3-8416-2053-8

SOMMAIRE

SOMMAIRE

3

INTRODUCTION GENERALE

Les composés hétérocycliques sont classés parmi les structures naturelles et synthétiques les plus utilisées dans l'industrie pharmaceutique. La capacité remarquable des noyaux hétérocycliques de servir de biomimétiques et de pharmacophores actifs a, en grande partie, contribué à leur valeur en tant qu'éléments principaux dans la structure de nombreuses drogues.

Les dérivés lactoniques sont un exemple d'hétérocycles doués d'un éventail d'activités pharmacologique. La synthèse et l'étude de ces dérivés constituent de nos jours un vaste domaine d'investigation qui ne cesse de se développer. En effet, de par leur profil multi-appliqué, cette classe de composés occupe une place privilégiée en stratégie de synthèse organique.

Les lactones sont des esters comportant un hétérocycle oxygéné, provenant généralement de la cyclisation intramoléculaire (ou lactonisation) d'hydroxyacides. Selon la position du groupement carbonyle de la lactone (en position 2 ou 4), on distingue les δ-lactones et les γ-lactones. Les principales lactones comportent entre 4 et 12 atomes de carbone. Leur diversité repose sur la chiralité de ces molécules, la nature des groupements latéraux ainsi que sur la présence ou non d'insaturations au niveau du cycle ou de la chaîne latérale. Ce motif est fortement présent dans les bactéries, les systèmes microbiens, les plantes (ces molécules sont présentes dans plus de 120 produits alimentaires : fruits, légumes, produits laitiers, viandes...), les insectes et animaux et participe dans différents types de processus biologiques tels que la défense contre d'autres microorganismes, comme intermédiaires bio synthétiques, et comme métabolites.

Les lactones simples telles que la dihydropyrone et l'acide tetronique sont employées comme précurseurs dans la synthèse des composés biologiquement intéressants.

la dihydropyrone   l' acide tetronique

De nombreux travaux se sont orientés vers la synthèse de nouveaux composés associant la pyrone à d'autres motifs biologiquement actifs ainsi que l'exploration de leurs propriétés pharmacologiques potentielles.

Notre laboratoire a contribué à cet effort par la synthèse de plusieurs composés associant l'hétérocycle pyronique ou furanonique à d'autres motifs biologiquement actifs tels que les benzodiazépines, les benzimidazoles, les imidazoles, les quinoxalines et les oxazinones [1-4].

Le travail que nous présentons ici trouve son originalité dans l'association, dans une même molécule, d'une lactone (la dihydropyrone ou l'acide tétronique) avec des hétérocycles du type: quinoxaline, benzotriazole, benzodiazépine-thione et benzimidazole-2-thione.

La synergie entre ces derniers motifs et les lactones pourrait induire de nouvelles propriétés aussi bien chimiques que pharmacologiques. Le choix de ces séries de composés répond précisément à la préoccupation d'obtenir des dérivés dont les analogues structuraux sont doués d'activité biologique remarquable.

Nous décrirons dans un premier chapitre une nouvelle voie d'accès au système tricyclique pyranoquinoxaline par époxydation à l'hypochlorite de sodium de la double liaison C==C des pyranobenzodiazépines décrites antérieurement [1].

Nous étudierons, dans le deuxième chapitre la réactivité de la structure pyranoquinoxaline obtenue précédemment vis-à-vis des amines primaires et secondaires [4].

La synthèse des structures benzotriazoles sera traitée dans un troisième chapitre. Ces dérivés ont été synthétisés dans le but d'associer deux hétérocycles, la dihydropyrone ou l'acide tetronique et la benzotriazole [5], connus tous les deux pour leurs activités biologiques intéressantes.

Le quatrième chapitre sera consacré au développement de deux nouvelles approches synthétiques permettant l'accès à des structures benzodiazépines fonctionnelles [6]. Cette étude fait suite aux travaux réalisés depuis quelques années dans notre laboratoire et qui ont permis la synthèse de la structure pyranobenzodiazépine. Ce chapitre est constitué de deux parties principales : la mise au point d'une nouvelle série de benzodiazépin-2-thione par l'action de CS_2 sur les énaminones et la synthèse d'une autre série originale de benzodiazépine au départ de la même structure énaminone, par action de BrCN

Dans un dernier chapitre, Nous décrivons l'obtention, de la structure 2-thione benzimidazole, au départ des benzodiazépin-thiones par un réarrangement thermique. Nous développerons également l'alkylation des deux structures, 2-thione benzimidazole et benzodiazépin-thiones [7].

Les structures des différents produits obtenus, ont été déterminées par voies spectrales (RMN ^{1}H, RMN ^{13}C, I R, spectrométrie de masse, analyses élémentaire et RX quand cela s'avère nécessaire).

BIBLIOGRAPHIE

[1] - B.Nedjar. Kolli, M. Hamdi, J. Pecher, *Synthetic. Comm.*, **20**, 1579,**1990**.

[2]- a) M.Amari, M. Fodili, B. Nedjar. Kolli, P. Hoffmann, J. Périé, *J. Heterocyclic. Chem.*, **39, 2002**.

-b) M.Amari, B. Nedjar. Kolli, *J. Soc. Alg. Chim.*, 11, n° 2, **2001**.

[3]- M. Fodili, M.Amari, B. Nedjar. Kolli, A. Robert, M. Baudy-Floch, P. Legrel, *Synthesis.*, **5**, 811, **1999**.

[4]- L. Hammal, M. Fodili, M. Amari, N. Khier, B.Nedjar. Kolli, C. André, P. Hoffmann, J. Périé, *Heterocycles.*, **63**, 6, 1409 – 1416, **2004**.

[5]- L. Hammal, S. Bouzroura, C. Andre, B. Nedjar-Kolli and P. Hoffmann, Synthetic. Commun. **37**(3), 501, **2007**.

[6]- L. Hammal , Y. Bentarzi, B.Nedjar-Kolli , P. Hoffmann., *Heterocyclic. Com.*, no.3, vol.15, **2009**.

[7]- L. Hammal, Y. Bentarzi, R. KAOUA, S. Bakhta, C. André, B. Nedjar. Kolli, P. Hoffmann, *journ. Soc. Alg. Chim.***18**(1), 45, **2008**.

CHAPITRE I:SYNTHESE DE LA STRUCTURE PYRANOQUINOXALINE

I.1. INTRODUCTION

Depuis de nombreuses années l'importance des structures quinoxalines ne cesse d'augmenter et leurs parts de marché dans le domaine des médicaments suivent une courbe ascendante grâce à leurs propriétés biologiques [1-7], ce qui explique l'intérêt manifesté à la synthèse de nouvelles structures quinoxalines.

Notre laboratoire a contribué à cette recherche par la synthèse d'une série de dérivés quinoxalines fonctionnels [8] selon le schéma suivant:

X= H ; CH$_3$; Cl.
R = H ; CH$_3$; C$_2$H$_5$.

R$_1$ = H ; CH$_3$
R$_2$ = H ; CH$_3$
R =H ;CH$_3$; C$_2$H$_5$

Nous développons dans ce chapitre une voie de synthèse permettant l'accès à une structure originale pyranoquinoxaline au départ des 1,5-benzodiazépines **1** synthétisées antérieurement dans notre laboratoire [9].

Les quinoxalines sont devenues des cibles particulièrement intéressantes pour la recherche de nouveaux agents thérapeutiques. De nombreux travaux ont été consacrés ces dernières années à la synthèse et à l'étude de l'activité biologique de ces structures. Tous ces travaux ont mis en évidence l'importance de ces substances. Nous rapportons quelques exemples, cités dans la littérature, concernant l'activité biologique et les différentes voies d'obtention de ce motif.

I.1.1.Rappel bibliographique:

Des études ont montré que les dérivés quinoxaline présentent des propriétés biologiques : anti-bactériennes [1], anti-virales [2], anti-cancéreuses [3], antifongiques [2,3], anti-helminthiques [2] et sont employés, par ailleurs, comme insecticides [3]. Une étude récente [1] sur la structure 4-(Methylamino) imidazo [1,2-a] quinoxaline **2** a montrée une activité myorelaxante.

9

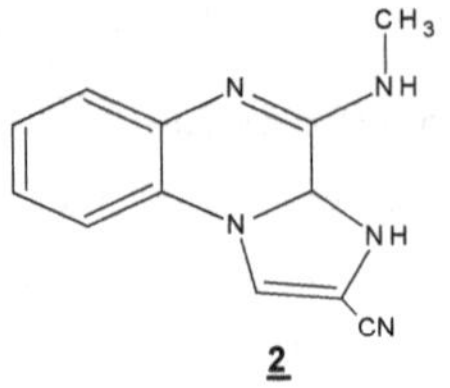

2

Les dérivés de structure [1, 2,4] triazolo [4,3-*a*]quinoxaline-1,4-dione **3** (R= n-C$_3$H$_7$, CH$_3$) sont connus comme étant des agents antiallergiques [2].

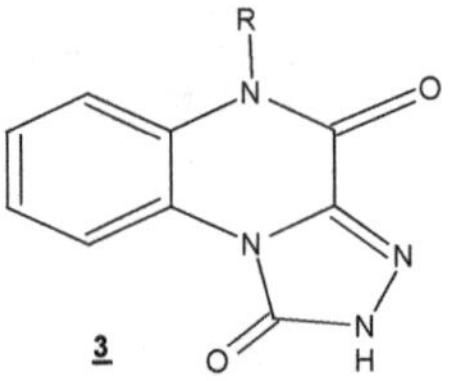

3

La structure 2, 3,7-trichloro-5-nitroquinoxaline (TNQX) **4** est décrite comme étant un agent potentiellement anti-cancéreux [3]. Par ailleurs, une autre étude récente [4] a révélé la même activité chez les composés de structure **5**.

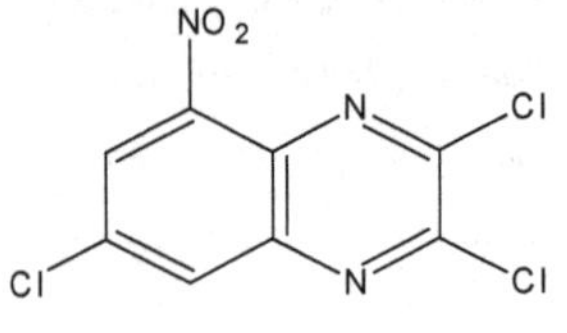

4

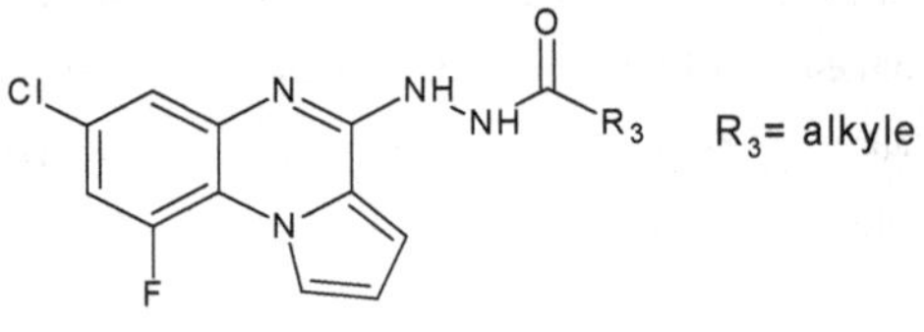

R$_3$= alkyle

5

Le dérivé 6-chloro-3,3-dimethyl-4-(isopropenyloxycarbonyl)-3,4- dihydroquinoxalin-2(1H)-thione (S-2720) **6** est un inhibiteur H.I.V.1 protéase, approuvé récemment dans le traitement des infections H.I.V [5].

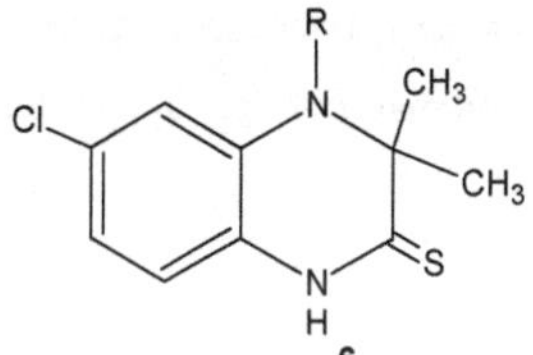

R= isopropenyloxycarbonyl

6

Le composé (S)-4-isopropyloxycarbonyl-6-methoxy-3-(methylthiomethyl)-3,4-dihydroquinoxaline -2(1H)-thione (HBY 097) **7** est un inhibiteur non nucléosidique HIV-1. Mélangé à d'autres drogues, il présente une grande efficacité dans la lutte contre la mutation du virus [10].

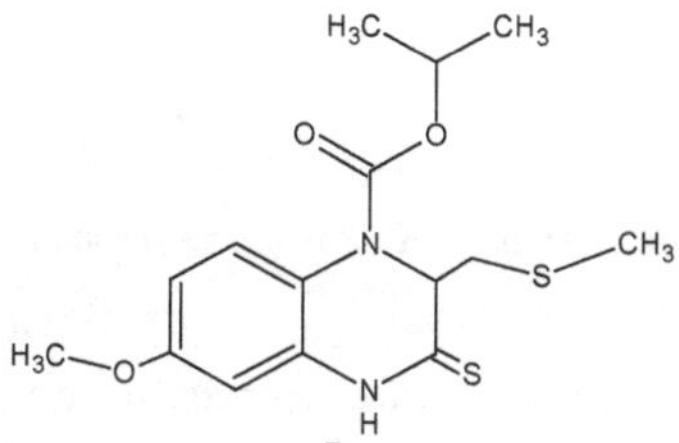

7

Récemment, une étude relation structure activité (S.A.R) a été réalisée sur les dérivés 6,7-substitués quinoxaline-2-carboxylate **8** pour leur activité anti-tuberculeuse. Les résultats de ce travail indiquent que la présence d'un groupe chloro, méthyle ou méthoxy en position 7 (sur la partie benzénique) réduit l'activité antituberculeuse. Cette dernière augmente principalement en fonction de la nature du substituant porté par le groupe R' du carboxylate dans l'ordre: R'= benzyle > éthyle > 2-methoxyethyl > allyle > tert - butyle [11, 12].

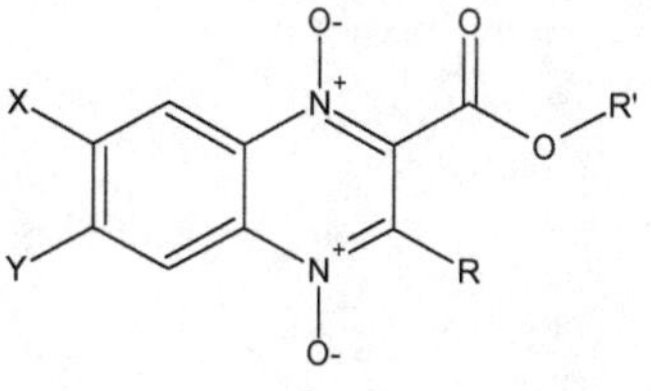

8

L'évaluation de l'activité fongique des composés **9**, **10** et **11** contre *plasmodiophora brassicae* (un champignon responsable d'une maladie fongique), *sphaerotheca fuliginea* (champignon qui se manifeste sous forme de nombreuses petites taches blanches, poudreuses apparaissant sur les deux faces des feuilles, tiges et de manière très discrète sur le fruit) et *pyricularia oryzaé* (champignon qui attaque le riz et se manifeste par la pourriture de la graine) respectivement a été appréciée [13].

De nombreuses voies de synthèses ont été développées dans ce domaine pour préparer de nouvelles molécules de structures analogues. Parmi ces procédés, un grand nombre a été rapporté dans la littérature [14,15].

D'une manière générale, le motif quinoxaline (ou pyrazine) est obtenu par l'une des trois approches ci dessous:

(i) condensation des composés α-dicarbonylés, acetylènedicarboxylates ou les dérivés glyoxaliques, sur les 1,2- diaminobenzène.

(ii) Cyclisation intramoléculaire des structures de type o-phenylènediamine N-substitué.

La cyclisation intramoléculaire de la structure de type N-substitué o-nitro **12** suivante aboutit après trois étapes à la structure quinoxaline **13** [23].

Selon K. Makino et al [24], l'hydrogénation catalytique du groupement nitro de la structure éthyl[alkyl(2-nitrophenyl)amino] acétate **14**, dans le DMF pendant 3 h, conduit a la formation du dérivé quinoxalinone **15**.

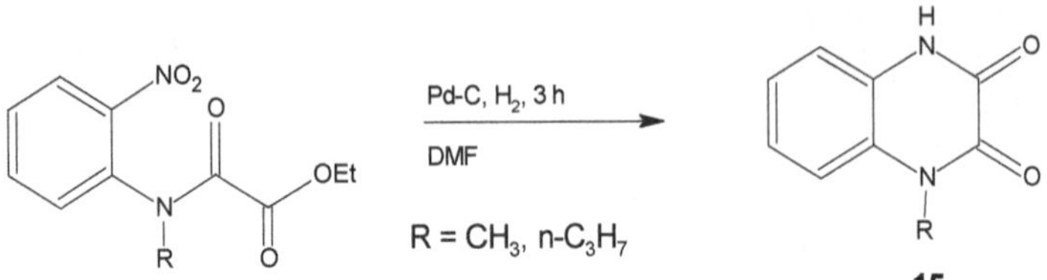

14 → Pd-C, H₂, 3 h, DMF, R = CH₃, n-C₃H₇ → **15**

(iii) Contraction du motif diazépine dans des conditions opératoires bien définies.

Les dérivés quinoxalines peuvent être obtenus à partir des structures benzodiazépines par diverses réactions d'oxydation, d'hydrolyse, d'électrolyse…

Le traitement du 1,3-diphenyl-4,5,6,7-tetrahydro-1H-1,2-diazépine avec l'acide polyphosphorique à 110 °C pendant quelques minutes donne 3 produits, l'un deux est le 2,5-bis(3-anilinopropyl)-3,-diphenylpyrazine **16** (10%). De même la contraction du dérivé 5, 7-diphenyl-2,3-dihydro-1H-1,4-diazépine par chauffage à 700 °C conduit à la structure 2-phenyl pyrazine **17** avec un rendement de 21 % [25].

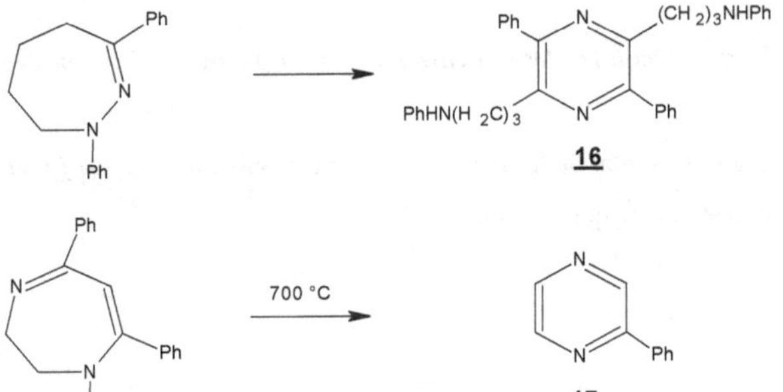

J. Mellor [26] a montré que l'acylation électrochimique de la benzodiazépine **18** ci-dessous provoque la contraction du cycle diazépine pour aboutir à la structure **19** selon la réaction :

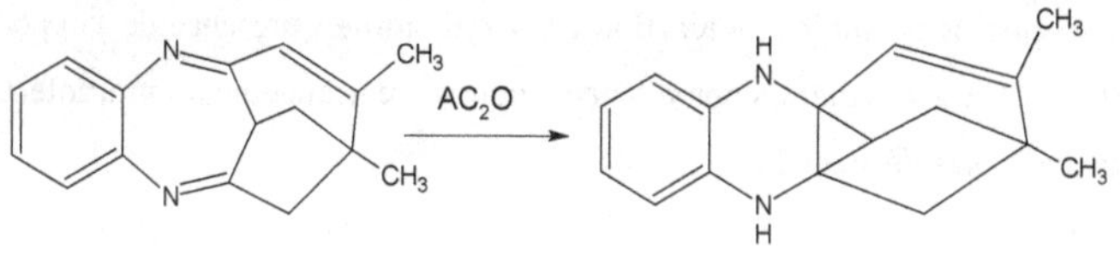

18   **19**

L'acylation par Yoshihisa [27] de la dihydro 1.5 –benzodiazépine 2- one **20** par AC$_2$O dans CHCl$_3$ puis traitement de la solution obtenue par la pyridine provoque la contraction de l'hétérocycle selon le schéma suivant :

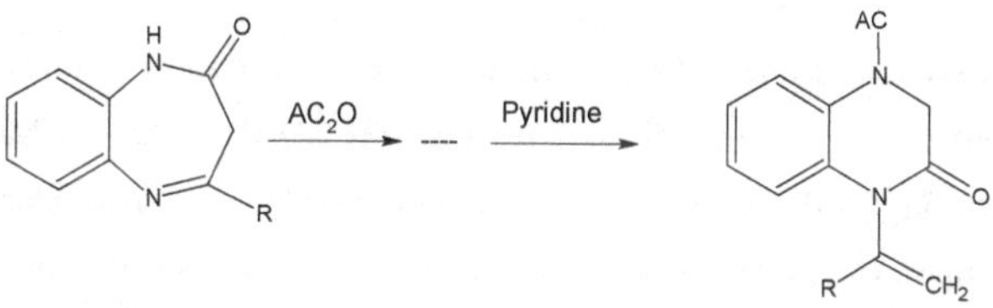

20

De même, ces auteurs [28] indiquent que le reflux de l'acide chlorhydrique concentré provoque la contraction de la structure 1,4-benzodiazépin-dione pour donner la structure **23**.

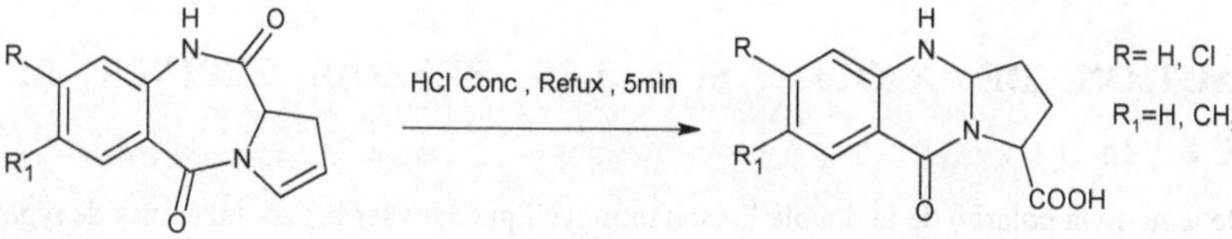

R= H, Cl

R$_1$=H, CH$_3$, Cl

23

Par ailleurs [29], le traitement par thermolyse (pyrolyse) de la structure 2,4-diphenyl-[5a, 6, 7, 8,9a]-hexahydro-1H-1,5-benzodiazepine **21**, conduit à la contraction du cycle diazépine avec expulsion de deux fragments radicalaires (PhCH$_2$˙, H˙). Le produit obtenu correspond à la structure 2-phenyl-5, 6, 7,8-tetrahydroquinoxaline **22**.

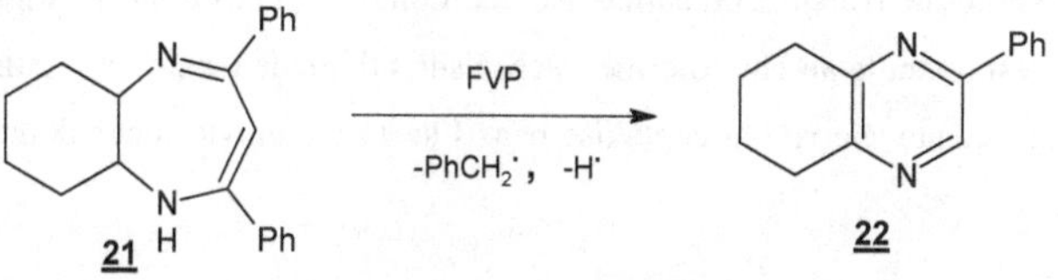

21   **22**

Cette dernière approche est la mieux adaptée à notre cas. En effet, les pyranobenzodiazépines **1** présentent la double liaison intracyclique Cα==Cβ polaire ; ils sont

15

de ce fait susceptibles de subir une réaction d'époxydation en présence de l'hypochlorite de sodium (NaOCl). L'intermédiaire époxyde peut subir un réarrangement intramoléculaire pour conduire aux structures désirées **24**.

La réaction d'oxydation d'une double liaison est, par ailleurs, très courante en synthèse organique ; elle utilise divers réactifs RCOOOH [30], AMCPB (acide matachloroperbenzoïque) [31, 32], 3,3-dimethyl-1,2-dioxirane [33] ou l'hypochlorite de sodium (NaOCl). Ce dernier est généralement employé dans l'époxydation des doubles liaisons dissymétriques [34-37]. Dans les dérivés **1** la double liaison C_α==C_β fortement polarisée peut se prêter à ce type d'époxydation par NaOCl. C'est pourquoi nous avons envisagé l'action de ce dernier réactif sur ces dérivés.

I.2. ACTION DE NaOCl SUR LES BENZODIAZEPINES DE STRUCTURE 1

Compte tenu de la polarité de la double liaison intracyclique dans les benzodiazépines de type **1**, nous avons choisi d'utiliser l'hypochlorite de sodium NaOCl qui est préconisé dans l'époxydation des doubles liaisons polaires.

Obtention de la structure pyranoquinoxaline 24 :

La quinoxaline **24** a été obtenue par addition, goutte à goutte, de l'hypochlorite de sodium NaOCl (2.3 N) sur **1** en solution dans l'acétonitrile en maintenant le pH à 6-7, par addition de H_2SO_4. Après 3 heures de réaction, on obtient par addition d'eau glacée une solution orange. La phase organique est extraite au chloroforme, séchée sur sulfate de magnésium puis évaporée à sec sous pression réduite. Le résidu cristallise dans l'acétate d'éthyle pour donner un solide d'aspect jaune.

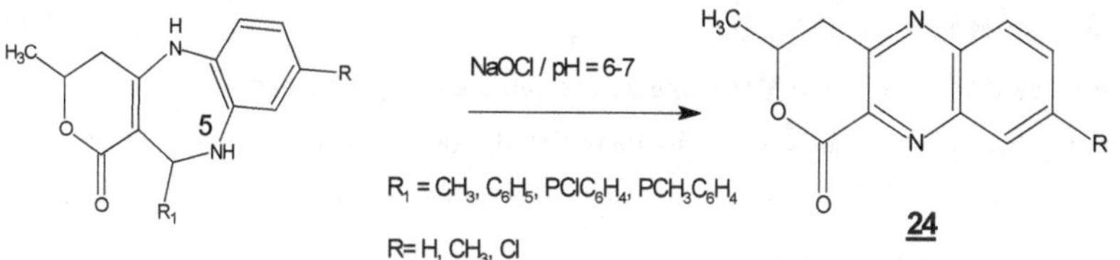

Schéma I.2

Nous représentons sur le tableau I.1, tous les dérivés de structure **24** (après purification) avec leurs rendements, points de fusion, IR et analyse centésimale.

*Tableau I.1 : Caractéristiques physiques des composés **24***

Composé **24**	R	Rdt (%)	P.F (°C)	R(Nujol) cm⁻¹	Analyse centésimale					
					%H		%C		%N	
					Calc	Tr	Calc	Tr	Calc	Tr
24a	H	80	195	1750 υ C=O)	4.84	4.67	67.20	67.28	12.93	13.08
24b	CH₃	75	210	1745 υ C=O)	5.30	5.22	68.41	68.44	12.27	12.21
24c	Cl	70	215	1748 (υC=O)	3.65	3.58	57.96	57.88	11.27	11.33

En comparant le spectre IR, dans le nujol, du produit **24** à celui du produit de départ **1** on remarque le déplacement de la bande de vibration du groupe C=O de 1650 cm⁻¹ (dans le produit de départ **1**) à 1730 cm⁻¹ (dans le produit **24**). Cette observation permet d'expliquer que ce déplacement serait compatible avec la disparition de la double liaison conjuguée $C_\alpha=C_\beta$. L'absence des bandes de vibration NH habituellement observées aux environs de 3250 cm⁻¹ pour le dérivé **1** conforte le résultat observé précédemment.

Les dérivés de structure **24** obtenus ont été soumis à une étude spectroscopique (spectroscopie de résonance magnétique du proton et du carbone 13, spectrométrie de masse à impact électronique à 70 eV).

I.2.1.RMN ^{1}H :

Le spectre de RMN ^{1}H à 300 MHz montre sans ambigüité, par rapport au spectre du produit du départ **1**, la disparition des signaux des deux N$\underline{H}$, des pics du groupement R_1, ainsi que ceux du proton en position α de l'azote N_5. L'étude de tous les spectres des dérivés **24** montre à chaque fois les signaux attendus.

Nous donnons à titre indicatif les déplacements chimiques de chaque proton du dérivé **24a** dans le schéma suivant:

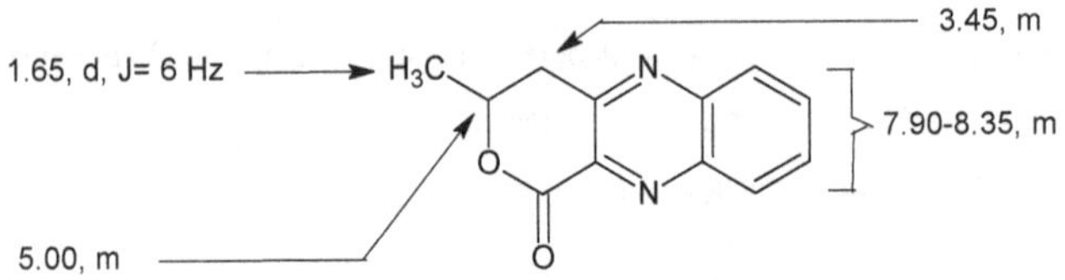

Schéma I.3

Les résultats spectroscopiques de RMN ^{1}H de tous les dérivés sont consignés dans le tableau I.2

*Tableau I.2 : Caractéristiques spectrales RMN ^{1}H des dérivés **24**.*

Pdts **24**	R	RMN ^{1}H(CDCl$_3$ pour **24a** et **24c**, DMSO pour **24b**)/TMS
24a	H	1.65(d, J= 6 Hz, 3H, CH$_3$), 3.45(m, 2H, CH$_2$), 5.00 (m, 1H, CH), 7.90-8.35(m, 4H, arom).
24b	CH$_3$	1.52 (d, J= 6 Hz, 3H, CH$_3$), 2.50 (s, 3H, CH$_3$), 3.39(m, 2H, CH$_2$), 5.05 (m, 1H, CH), 7.82-8.14(m, 3H, arom).
24c	Cl	1.65(d, J= 6 Hz, 3H, CH$_3$), 3.44(m, 2H, CH$_2$), 5.00 (m, 1H, CH), 7.83-8.31(m, 4H, arom)..

Ces résultats augurent une contraction de l'hétérocycle diazépine avec expulsion du fragment –CH-R$_1$ qui conduit à la structure **24** suivantes :

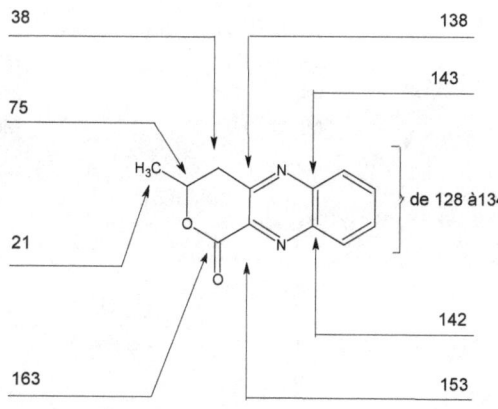

24

I.2.2. Spectre RMN ^{13}C

Les résultats obtenus à 300 MHz dans CDCl$_3$ (ou DMSO d$_6$) en RMN ^{13}C pour le découplé et pour le non découplé confirment les résultats obtenue par RMN ^{1}H et IR . En effet, en comparant les spectres RMN ^{13}C du produit de départ **1** à celui du produit d'arrivé **24**, on constate la disparition du pic qui correspond à C̲H-N, ainsi que les pics caractéristiques du groupement R$_1$.

Les déplacements chimiques de chaque carbone du composé **24a** sont donnés dans le schéma ci-dessous:

38   138

                                            143
75

                                    de 128 à134

21

                                            142

163   153

Schéma I.4

I.2.3. Spectrométrie de masse :

Nous avons utilisé la spectrométrie de masse à impact électronique à 70 eV, pour déterminer la masse molaire des composés obtenus, ainsi que le mode de fragmentation de ces structures. L'interprétation des spectres de masse est basée sur la détermination de la valeur du signal ayant la plus grande masse correspondant au pic de l'ion moléculaire.

Les composés **24** étant constitués de deux hétérocycles condensés (pyrano-quinoxaline), il se dégage plusieurs voies possibles de fragmentations.

Les fragmentations obtenues peuvent être illustrées par le schéma I.5.

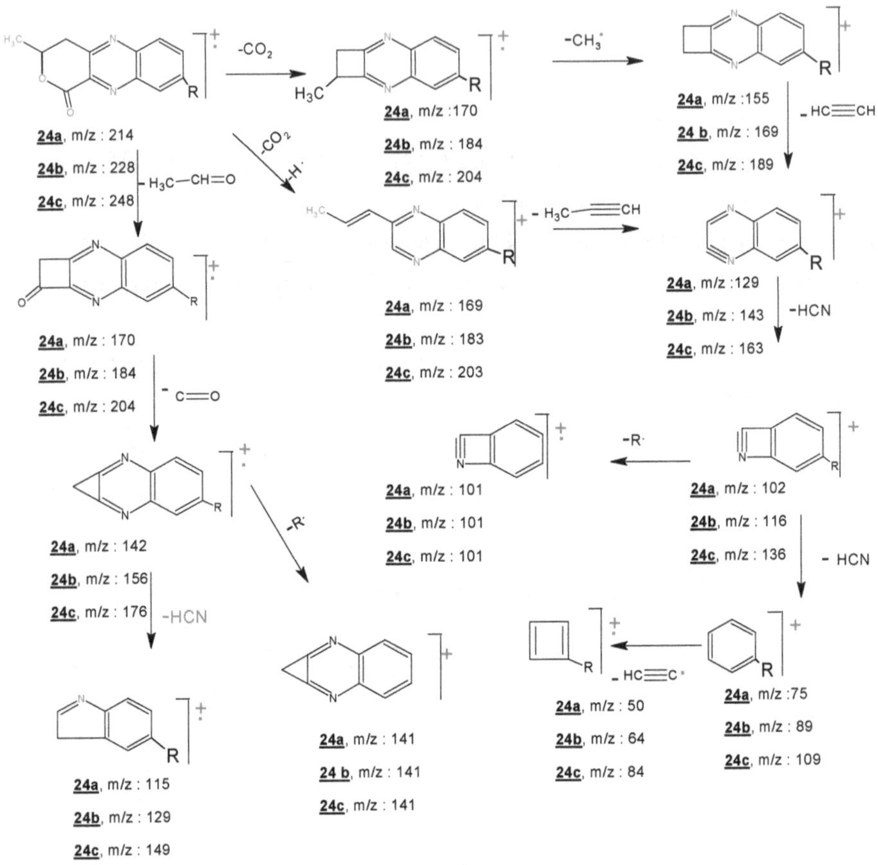

Schéma I.5

Les résultats spectroscopiques dans leur ensemble montrent que l'époxydation de la structure pyranobenzodiazépine **1** conduit à une contraction du cycle diazépine en cycle pyrazine.

I.2.4. Mécanisme de l'époxydation des dérivés 1 :

La réaction réalisée pour R=CH$_3$ s'avère assez lente et conduit à un rendement relativement faible (Rendt= 40%). En revanche, elle est très rapide et quantitative (Rendt=70- 80%) lorsque R est aromatique (C$_6$H$_5$, pClC$_6$H$_4$, pCH$_3$C$_6$H$_4$) et ne se fait pas du tout lorsque R= H.

Cette observation laisse présager l'hypothèse de l'élimination d'un carbène stable lors de l'étape finale conduisant au cycle pyrazine.

Dans les conditions que nous avons choisies, l'obtention des intermédiaires époxydes n'a pas été possible même en appliquant d'autres méthodes d'époxydation telles que l'action de l'acide perbenzoïque qui conduit au même résultat avec un rendement réduit. L'examen des modèles moléculaires montre qu'une tension de cycles importante pourrait être à l'origine de ce résultat.

Sur la base des données de la littérature [34-37] et des structures déterminées ci-dessus nous proposons la séquence réactionnelle suivante (schéma I.6).

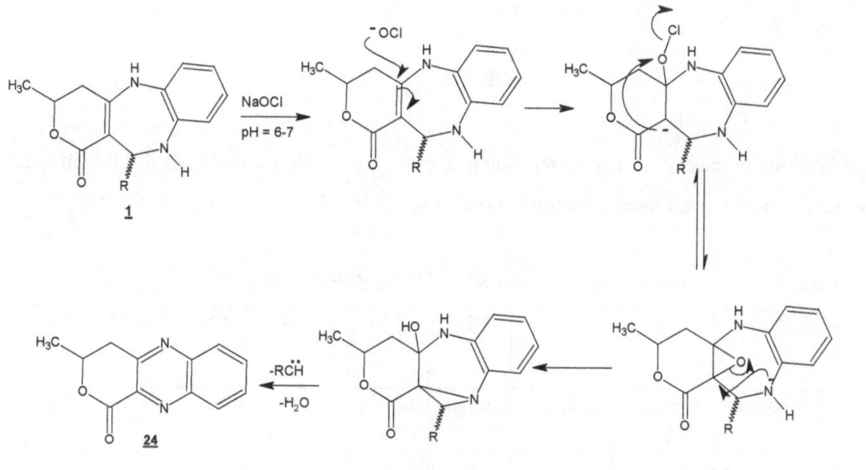

Schéma I.6

Pour conforter notre hypothèse, nous avons pensé à piéger le carbène en question et apporter ainsi une preuve matérielle de la validité du mécanisme radicalaire proposé.

Piégeage du carbène : CHR$_1$

Le piégeage du carbène constitue la preuve matérielle du mécanisme proposé ci-dessus.

La réaction menée selon la technique d'oxydation par NaOCl décrite précédemment et utilisant 4 fois la stœchiométrie en cyclohexène a permis de séparer deux phases :

- Une phase solide qui s'identifie au produit **24**.
- Une phase liquide (le filtrat). Cette dernière a été distillée à l'aide d'un four tubulaire Büchi à 80 °C sous pression $(3.10^3$ mbar).

L'analyse spectrale (RMN ^{1}H) du résidu de distillation montre qu'il y a un mélange de deux produits :

- Le dérivé **A** obtenu par piégeage du carbène.
- Le dérivé d'oxydation du carbène qui correspond au benzaldéhyde **B**.

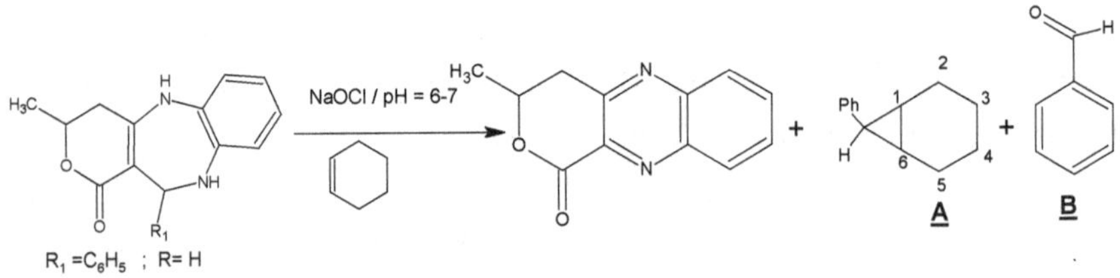

Schéma I.7

L'analyse du spectre de RMN du proton réalisé à 200 MHz du résidu de distillation avec CDCl₃ comme solvant montre les résultats suivants Tableau I.3 :

Tableau I.3 : Caractéristiques spectrales RMN ^{1}H des dérivés __A__ et __B__.

δ(ppm)	1.3	1.8	2.1	3.15	3, 4	3.8	7.4-7.9	10
Attribution	CH₂ (2) + CH₂ (5)	CH₂ (3)	CH₂ (4)	CH (7)	CH (6)	CH (1)	C₆H₅	COH
Multiplicité	m	m	m	s	m	m	m	s
	4	2	2	1	1	1	5	1

CONCLUSION

Dans ce travail concernant la synthèse de la structure pyranoquinoxaline **24** nous avons observé par action de NaOCl sur la structure pyranobenzodiazépine, une contraction du cycle diazépine en pyranoquinoxaline. Le mécanisme général que nous avons proposé permet d'expliquer la formation du motif pyrazine à partir du diazépine.

Cette réaction présente l'avantage d'être réalisé en peu de temps, et de mettre en oeuvre des produits de départ peu coûteux et aisément accessibles. L'étude de cette réaction nous a inspiré des réactions décrites au chapitre II.

PARTIE EXPERIMENTALE

Les spectres de RMN ^{1}H ont été réalisés sur spectromètre Brucker AC 80MHz, AC 200MHz et AC 300MHz les déplacements chimiques sont donnés en ppm par rapport au TMS (référence interne). Les conventions sont les suivantes : s :singulet ; d : doublet ; t : triplet ; q : quadruplet ; m : multiplet

Les spectres RMN ^{13}C ont été effectués en J modulé sur un spectromètre Bruker AC 20MHz, 50, 75MHz.

Les spectres de masse ont été réalisés sur un spectromètre Nermag R10-10C avec le mode d'ionisation par impact électronique à 70Ev ou ionisation chimique par NH$_3$. Les points de fusion sont pris à l'aide d'un banc Köfler.

Tous les produits chimiques ont été synthétisés à partir des produits d'Aldrich ou Acros   et employés sans purifications

Mode d'obtention de la structure 24:

Les composés quinoxaline **24** ont été obtenus à partir des dérivés benzodiazépine **1** par le procédé général suivant : à une solution de **1** (0.05 mole) dans l'acétonitrile (20 ml), on ajoute goutte-à-goutte pendant 1.5 h sous agitation, une solution d'hypochlorite de sodium 2.4 N (50 ml). Le   mélange réactionnel et ensuite agité à température ambiante pendant 1h. L'acide sulfurique 2 N a été périodiquement ajouté au mélange de la réaction pour maintenir le pH autour de 6-7. L'eau froide (50 ml) a été alors ajoutée à la solution, provoque la précipitation de la pyranoquinoxaline **24** sous forme d'un solide jaune, qui a été séparé par filtration.

3-Methyl-3,4-dihydro-1H-pyrano[3,4-b]quinoxalin-1-one 24a.

Rendement: 80 %, recristallisation dans l'éthanol, P.F (°C)= 195 °C.

IR (KBr) υcm^{-1}): 1750 (C=O).

RMN ^{1}H (CDCl$_3$ δ ppm): 1.63 (d, J=6Hz, 3H, CH_3); 3.45 (m, 2H, C$H_{2(4)}$); 5.00 (m, 1H, C$H_{(3)}$); 7.90-8.35 (m, 4H, arom-H).

RMN ^{13}C (CDCl$_3$ δ ppm):δ 21 (CH_3); 38 (C$H_{2(4)}$); 75 (C$H_{(3)}$); 128.5, 130, 130.5, 133.5 (arom-CH); 138 (C$_{(4a)}$); 142.5 (C$_{(9a)}$); 143 (C$_{(5a)}$); 153 (C$_{(10a)}$); 163 (C=O).

S.M.(IE, 70ev) : m/z (%): 214 (75) (l'ion moléculaire).

Analyse Centésimale: (C$_{12}$H$_{10}$O$_2$N$_2$) : calculée: C, 67.20; H, 4.84; N, 12.93. trouvée: C, 67.28; H,   4.67; N, 13.08.

3,7-Dimethyl-3,4-dihydro-1*H*-pyrano[3,4-*b*]quinoxalin-1-one 24b.

Rendement: 75 %, recristallisation dans l'éthanol, P.F (°C)= 210 °C.

IR (KBr) υ cm^{-1}): 1745 (C=O).

RMN ^{1}H (DMSO , δ ppm): 1.52 (d, J=6Hz, 3H, CH_3); 2.50 (s, 3H, CH_3); 3.39 (m, 2H, C$H_{2(4)}$);
5.05 (m, 1H, C$H_{(3)}$); 7.82-8.14 (m, 3H, arom-*H*).

RMN ^{13}C (CDCl$_3$ δ ppm): 21.1 (CH_3) ; 21.4 (CH_3); 38 (C$H_{2(4)}$); 76 (C$H_{(3)}$); 128, 129, 130.5, (arom- CH); 138, (arom-C) ; 139 ($C_{(4a)}$) ; 142 ($C_{(9a)}$); 145 ($C_{(5a)}$); 153 ($C_{(10a)}$); 162 (C=O).

S.M.(IE, 70ev) : m/z (%): 228 (65) (l'ion moléculaire).

Analyse Centésimale: (C$_{12}$H$_{10}$O$_2$N$_2$) : calculée: C, 68.41; H, 5.30; N, 12.27. trouvée: C, 68.44; H,   5.22; N, 12.21.

7-Chloro-3-methyl-3,4-dihydro-1*H*-pyrano[3,4-*b*]quinoxalin-1-one 24c.

Rendement: 70 %, recristallisation dans l'éthanol, P.F (°C)= 215 °C.

IR (KBr) υ cm^{-1}): 1748 (C=O).

RMN ^{1}H (CDCl$_3$, δ ppm): 1.65 (d, J=6Hz, 3H, CH_3); 3.44 (m, 2H, C$H_{2(4)}$); 5.00 (m, 1H, C$H_{(3)}$); 7.83-8.31 (m, 3H, arom-*H*).

RMN ^{13}C (CDCl$_3$, δ ppm) : 20 (CH_3); 39 (C$H_{2(4)}$); 75 (C$H_{(3)}$) ; 128, 130, 135 (arom-CH); 136 ($C_{(4a)}$); 143($C_{(9a)}$); 143 ($C_{(5a)}$) ; 152 (arom-CH) ; 154 ($C_{(10a)}$); 162 (C=O).

S.M.(IE, 70ev) : m/z (%): 248 (75) (l'ion moléculaire).

Analyse Centésimale: (C$_{12}$H$_{10}$O$_2$N$_2$) : calculée: C, 57.96; H, 3.65; N, 11.27. trouvée: C, 57.88; H,   3.58; N, 11.33.

BIBLIOGRAPHIE

[1]-a) S. Parra, F. Laurent, G. Subra, C. D. Masquefa, V. Benezech, J.R. Fabreguettes, J. P. Vidal, T. Pocock, K. Elliot, R. Small, R.Escale, A. Michel, J. P. Chabat, P. A. Bonnet, *Eur. Med. Chem.*, **36**, 255-264, **2001**.

-b)J. Guillon, I. Forfar, M. Mamani-Matsuda, V. Desplat, M. Saliège, D. Thiolat, S. Massip, A. Tabourier, J. M. Léger, B. Dufaure, G. Haumont, C. Jarry, D. Mossalayi., *Bioor. Med. Chem.*, **15**, (1), 194, **2007**.

-c)V. K. Tandon, D. B. Yadav, H. K. Maurya, A. K. Chaturvedi, P. K. Shukla., *Bioor. Med. Chem.*, **14**, (17), 6120, **2006**.

[2]- a)B. Loev, J. H. Musser, R. E. Brown, H. Jones, R. Kahen, F. C. Huang, A. Khandwala, P. S. Goldman, M. Leibowitz., *J. Med. Chem.*, **28**, 363-366, **1985**.

-b) T. O. Yellin, *U.S. Patent* 3635971; *C.A.*, 76, 99708r (**1972**).

-c)N. E. H. Mustaphi, S. Ferfra, E. M. Essassi, B. Garrigues, M. Pierrot., *Phos. Sulf. and Sil.*, **179**, 2265–2271, **2004**

[3]-a) J. Hyun. Kim, J. H. Kim, G. E. Lee, S. W. Kim, I. K. Chung., *J. Biochem.*, 373, 523, **2003**.

-b)K. M. Amin, M. M. F. Ismail, E. Noaman, D. H. Soliman, Y. A. Ammar., *Bioorg. Med. Chem.*, **14**, (20), 6917, **2006**.

[4]-F. Grande, F. Aiello, O.De Grazia, A. Brizzi, A. Garofalo, N. Neamati., *Bioorg. Med. Chem.*, **15**, (1), 288, **2007**.

[5]- J. P. Kleim, R.Bender, U. M. Billhardt, C. Meichsner, G. Riess, M. Rosner, I. Winkler, A.Paessens,. *Antimicrob. Agents. Chemother.*, **37**, (8),1659, **1993**.

[6]-a)Y. Ura, G. Sakata, K. Makino, T. Ikai, et Y. Kawamura, *German Offen.*, 3004770 (1980); *C. A.*, 94, 103421h (**1981**).

-b)C. W. Huffman, J. J. Krajewski, P. J. Kotz, J. T. Traxler, et S. S. Ristich, *J. Agr. Food Chem.*, **1**, 298, **1971**.

-c)R. R. Schaffer, *U.S. Patent* 3560616; *C.A.*, 75, 47839u (**1971**).

[7]- H. Yamamoto, *Japan Patent* 6917136; *C.A.*, 71, 124505d (**1969**).

[8]- M.Amari, « Thèse d'Etat », USTHB, Alger, **2003**.

[9] -a) B.Nedjar. Kolli, M. Hamdi, J. Pecher, *Synthetic. Comm.*, **20**, 1579, **1990**.

-b) B.Nedjar. Kolli, « Thèse d'Etat », Université USTHB, Alger, **1982**.

[10]- J. P. Kleim, M. Rosner, I. Winkler, A. Paessens, R. Kirsch, Y. Hsiou, E. Arnold,

G.Riess *Proc. Natl. Acad. Sci. USA.*, Vol. **93**, pp. 34–38, January **1996**.

[11]- B. Zarranz, A. Jaso, I. Aldana, A. Monge., *Bioorg. Med. Chem.*, **11**, 2149–2156, **2003**.

[12]- A. Jaso, B. Zarranz, I. Aldana, A. Monge., *Eur, J. Med. Chem.*, **38**(9), **2003**.

[13] K. Makino, G. Sakatu, K. Morimoto, *Heterocycles.*, vol **23**, 8, 2025, **1985**.

[14]-a)G. W. H.Cheeseman, *Adv. Heterocycl. Chem.*, **2**, 203, **1963**.

  -b)G. W. H.Cheeseman, E. S. G. Werstiuk, *Adv. Heterocycl. Chem.*, **22**, 367, **1978**.

[15]-a)G. W. H.Cheeseman, R. F.Kookson, *The Chemistry of Heterocyclic Compounds, "condensed pyrazines"* Ed. By A. Weissberger and E. C. Taylor, John Wiley and sons, New york,　Toronto, **35**, pp. 1-290, **1979**.

  -b)Y. Iwanami, *J. Chem. Soc. Japan, Pure. Chem. Soc* (Nippon Kagaku Zasshi)., **82**, 778, **1961**.

[16] -W. H. Mandeville, G. M. Whitesides., *J. Org. Chem.*, **51**, 3257-3261, **1986**.

[17]-a)S.A. Kotharkar, D.B. Shinde., *J. Ira. Chem. Soc.*, **3**, (3), 267-271, **2006**.

  -b)J. V. Burakench, A. M. Love, G. P. Volpp., *J. Org. Chem.*, **35**, 2102, **1970**.

  -c)A. Paladini, M. J. Beckstead, D. Weinshenker., *Neuroscience.*, **144**, (3), 1067, **2007**.

[18]-a)L. Yan, F. W. Liu, G. F. Dai, H. M. Liu., *Bioorg. Med. Chem. Lett.*, **17**, (3), **2007**.

  -b)S. K. Lin, *Molecules*, **1**, 37-40, **1996**.

[19]-Y. Kurasawa, A. Takada, *Heterocycles.*, Vol.**23**, N° 8, **1985**.

[20] -K. D. Banerji, K. K.Sen , A. K. D. Mazumdar, *J. Indian Chem. Soc.*, **50**, 280, **1973**.

[21] -A. I. Vogel, B. S. Furniss, *Vogel's Textbook of Pratical Organic Chemistry.*, 5th ed, Longman: London, New York, 1989.

[22]- J. Linehan, B. James, U. graff , M. Zeller, D. Allen *Hunter., Acta Cryst.*, **E60**, 656–657, **2004**.

[23]- K. Makino, G. Sakata, K. Morimoto., *Heterocycles.*, Vol.**23**, N° 8, 2069-2074, **1985**.

[24]-B. Loev, J. H. Musser, R. E. Brown, H. Jones, R. Kahen, F. C. Huang, A. Khardwala, P. S. Goldman, M. J. Leibowitz., *J. Med. Chem.*, **28**, 363, **1985**.

[25]- D. Lloyd, H. McNab, *Personal communication.*, July **2000**.

[26]- J. Mellor, M. Pons, B. Stanley, Stibbard, H. A. John., *J. Chem. Soc. Perkin. Trans 1.*, **1**, 12, 3097, 100 , **1981**.

[27]- O. Yoshihisa, U. Takea, *Chem. Pharm. Bull.,* **23**, 7, 1392, **1975**.

[28]-S. Jolivet-Fouchet, F.Fabis, P. Bovy , P. Ochsenbein, S. Rault., *Tetrahedron Lett.,* **39**, 819-820, **1998**.

[29]- M. J. Ellis, D. Lloyd, H. McNab, M. J. Walker., *J. Chem. Soc., Chem. Commun.*, 2337-2338 **1995**.

[30]- P. Cautemps, J. L. Pierre., *Tetrahedron.*, **32**, 9, **1976**.

[31]- a)T. Dubuffet, R. Sauvêtre, J. F. Norman., *Tetrahedron lett.*, **29**, 5923 ,**1988**.

-b) D. Ginburg, W. J. Mayer, *Tetrahedron.*, **32**, 9, 1005 , **1976**.

[32]- G. Xie, L. Xu, J. Hu, S. Ma, W. Hou, F. Tao., *Tetrahedron lett.*, **29**, 2967, **1988**.

[33]- J. K. Crandall, D. J. Batal, *Tetrahedron lett.*, **29**, 4791, **1988**.

[34]- M. Baudy, A. Robert, A. Faucaud, *J. Org. Chem.*, **43** ,3732, **1978**.

[35]- J. J. Pommeret, A. Robert, *Tetrahedron.*, **27**, 2977 , **1971**.

[36]- T. Guinamant, Thèse de 3ème cycle, Université de Rennes I (**1984**).

[37]- S. Jaguelin, Thèse de 3ème cycle, Université de Rennes I (**1984**).

CHAPITRE II : ACTION DES AMINES SUR LA STRUCTURE PYRANOQUINOXALINE.

II.1. INTRODUCTION

La corrélation structure – activité, appliquée aux structures quinoxalines a mis clairement en évidence l'importance des groupements pharmacophores sur le reste aromatique ou sur les atomes de l'hétérocycle pyrazine [1]. En effet l'activité biologique de nombreux dérivés de cette structure est modifiée (si le précurseur est actif) par l'introduction judicieuse, par voie chimique, de nouveaux groupements ou fonctions. Nous citons à titre d'exemple les dérivés **24**, **25** et **26**.

-Les travaux de recherche effectués en 1971[1] ont montré que la structure 1-(4-nitrophenyl)-1H-pyrazolo [3,4-b]quinoxaline **25** est doué d'une activité intéressante dans le traitement de la tuberculose, mais le dérivé analogue 1-(4-nitrophenyl)-1H-pyrazolo[3,4-b]quinoxaline-3-carbohydrazide **26**, obtenu par l'introduction de CONHNH$_2$ en position 3 a montré une grande activité biologique antibactérienne [2]. Il en est de même, dans la structure pyrazolo[3,4-b]quinoxaline **27**, la substitution par un autre hétéroaryle en position 3, produit des effets fongiques remarquables au lieu des effets anti-tuberculeux observés dans le produit initial[4, 5]. Par contre si le système flavazole dans la structure **26** est remplacé par une pyridazino[3,4-b]quinoxaline, l'activité antibactérienne est annulée [3].

De ces différents exemples, il ressort l'importance accordée aux modifications structurales des quinoxalines tant sur le plan chimique que biologique.

Partant de cette approche, nous nous sommes proposé d'examiner ici l'action des amines sur la structure pyranoquinoxaline **24a**. Nous avons envisagé dans un premier temps d'étudier la réaction des amines primaires sur l'hétérocycle pyronique dans la structure **24a**, en examinant particulièrement la possibilité d'ouverture du cycle pyrone pouvant conduire après hétérocyclisation à une nouvelle structure pyridoquinoxaline.

L'action des amines secondaires sur la structure pyranoquinoxaline **24a** devraient provoquer l'ouverture du cycle pyronique.

Afin de replacer cette idée dans son contexte bibliographique nous indiquerons dans un premier temps les principales réactions connues dans ce domaine.

II.1.1. Rappel Bibliographique :

Les amines primaires aliphatiques et aromatiques réagissent sur les 2- pyrones en provoquant l'ouverture de ce cycle avec formation d'un amide, ce dernier peut rester sous cette forme ou bien conduire après hétérocyclisation à un cycle pyridone. Cette réaction à été abondamment étudiée dans la littérature [6-10], les différents mécanismes proposés peuvent se résumer comme suit :

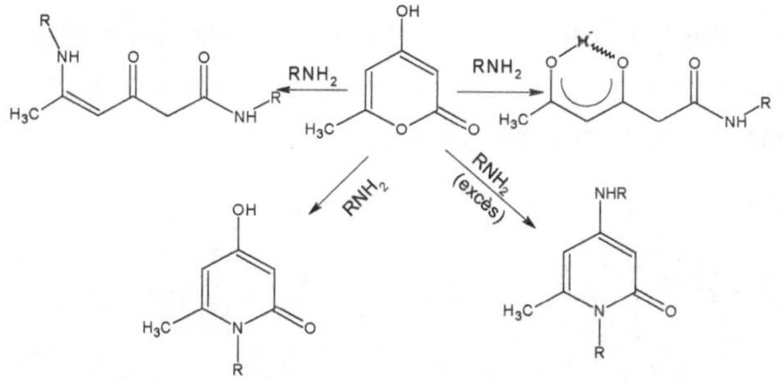

Une étude [11] sur l'action des amines primaires (en excès) vis-à-vis de l'acide déhydroacétique DHA, montre que ce dernier conduit directement à des 2-pyridones. Ceci peut s'expliquer par la cyclisation des dérivés intermédiaires après l'ouverture du cycle pyronnique [12]. Par contre la formation des imines de l'acide déhydroacétique a été mentionnée en opérant en quantité équimolaire [13].

La fixation de l'amine primaire (dans des conditions bien déterminées) en position 4 du DHA n'a été rapportée que récemment [14].

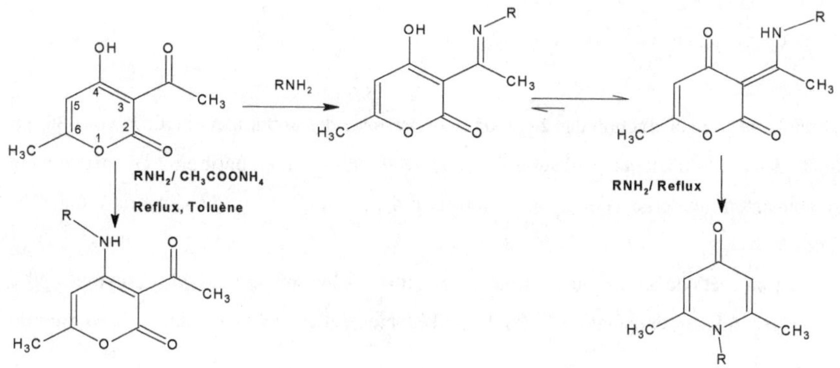

31

L'emploi de 2 équivalents d'amine avec la 4-hydroxy-6-methyl-2-pyrone (TAL) donne la *N,N'*-disubstitutée 4-amino-6-methyl-2-pyridones **28**[12].

La réaction de la 4-hydroxycoumarine avec les amines primaires par irradiation aux micro-ondes ne conduit pas à l'ouverture du cycle pyronique mais aboutit a la structure *N*-substitué 4-aminocoumarine **29** avec un bon rendement [15].

Par ailleurs, nous avons constaté que la réaction de la 2-pyrone dibromée en position 3 et 5 avec les amines primaires aromatique et aliphatique conduit a une série de structure 3-aryl(alkyl)amino-5-bromo-2-pyrones [16] .

Par analogie avec la réaction des 2- pyrones en présence des amines, la dihydropyrone **30** qui présente deux sites d'attaque peut subir l'attaque de l'amine soit en position 2 de l'hétérocycle pour donner un amide acyclique, soit en position 4 pour donner une 5,6-dihydro-4-amino-2-pyrone.

L'action du méthyle amine sur la structure 6-methyl -4-hydroxy-5,6-dihydro-2-pyrones **30** a été effectuée, à basse température (0°C) dans l'éthanol, cette réaction conduit à l'ouverture du cycle pyronique, la cyclisation en pyridone correspondante n'a pas été observée [17].

30

La réaction de la 4-hydroxy-5,6-dihydro-2-pyrone en présence des amines primaires aromatiques (R = H, 3-, 4-Me, 3-, 4-NO$_2$, 4-Br, 3-, 4-Cl, 3-, 4-HO, 3-, 4-MeO, 3-, 4-NH$_2$) et secondaires a été étudié en détail par ces auteurs[18]. Les résultats sont compatibles dans leur ensemble avec la fixation d'une molécule d'amine sur le carbone en position 4, suivi de l'élimination d'une molécule d'eau.

L'orientation de ce type de réaction est vraisemblablement due au caractère électrophile plus accentué du site 4. Cette spécificité est, par ailleurs, en bon accord avec la théorie de Pearson (réaction entre deux sites durs C$_4$ et NH$_2$ de l'amine).

L'action des hydrazines sur la structure 3-butyl-4-hydroxy-6-methyl-5,6-dihydro-2H-pyran-2-one a été décrite dans la littérature [19], et conduit a des structure de type pyranopyrazole.

La même réaction [20] appliquée à la structure 6-methyl-5,6-dihydro-4-hydroxy-2-pyrone en présence d'un halogénoalkyle dans le CS$_2$ comme réactif et solvant conduit aux mêmes types de produits (dérivés pyranopyrazole) d'attaque en position 4.

Par contre, nous avons relevé, que la dihydropyrone condensé à un autre cycle aromatique ou hétérocyclique réagit vis à vis des amines en conduisant à des dérivés pyridoniques [21].

Sur le même type de produit, d'autres auteurs [22], indiquent que l'action des amines primaires (en excès) conduit à des composés de structure carboxamide qui correspond à l'ouverture du cycle pyronique.

De la même manière [23], la même réaction sur des composés analogues de la dihydrocoumarine au reflux de l'acétate d'éthyle en présence de EtN(iPr)$_2$, conduit a des composés cyclisés de type pyridone.

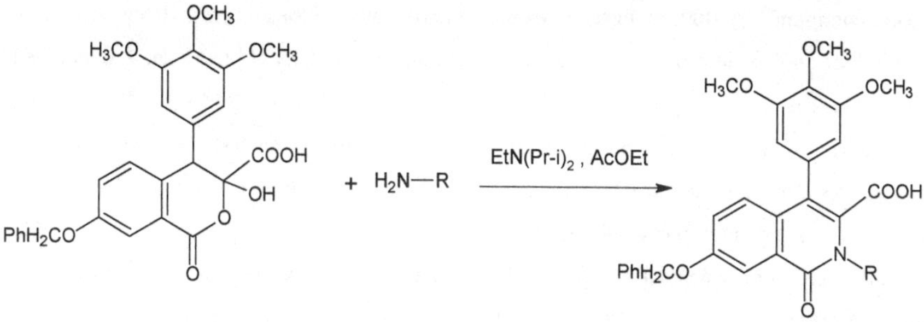

Les facteurs qui régissent la régiospécificité observée au cours de ces réactions sont certainement liées d'une part à la stabilité thermodynamique et relative des différents tautomères de la structure pyronique dans les solvants choisis et d'autre part au caractère électrophile des sites portés par la pyrone.

II.2. ACTION DES AMINES PRIMAIRES SUR LA STRUCTURE PYRANOQUINOXALINE (24a) :

La technique utilisée consiste à faire réagir l'amine primaire avec la structure pyranoquinoxaline **24a** au reflux dans l'acétate d'éthyle en présence d'une quantité catalytique d'acide acétique. Une fois la réaction terminée (la réaction étant suivi par c.c.m), le traitement de la solution obtenue donne à chaque fois un précipité de couleur jaune.

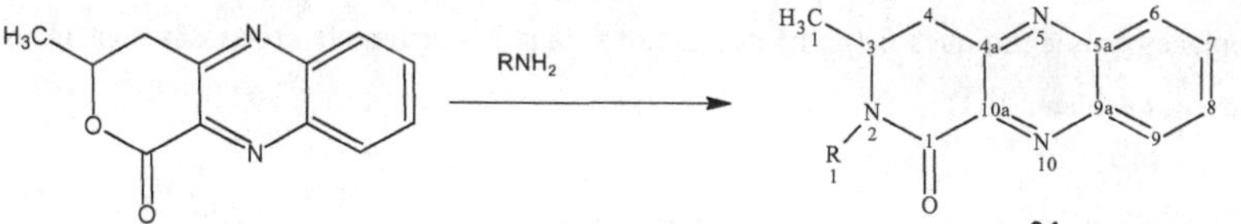

24a: R = -CH$_3$

34a: R = -CH$_3$
34b: R = -CH$_2$CH$_3$
34c: R = -(CH$_2$)$_2$CH$_3$
34d: R = -(CH$_2$)$_3$CH$_3$

Schéma II.1

Le solide obtenu a été soumis à l'étude spectroscopique suivante :

II.2.1. Spectroscopie de RMN ^{1}H :

Les composés étudiés **34** ont tous le même squelette de base; ce qui se traduit par des

35

signaux communs. En effet, on observe les pics relatifs aux protons du méthyle en position 3, le méthylène en 4 et le proton en 3. Ce dernier, couplé avec le CH_3 et le CH_2 en 4, donne lieu dans tous les cas à un multiplet à 4.25-4.40 ppm.

Le doublet à 1.25 ppm (J = 6 Hz) est attribuable aux protons du CH_3 en position 3. Le couplage des deux protons du CH_2 en 4 avec le proton du carbone asymétrique 3 donne un signal sous forme de multiplet à 3.45-3.50 ppm.

On note aussi la présence sur les spectres les signaux relatifs aux protons du groupement R porté par l'azote.

Nous présenterons les différents déplacements du proton de la structure **34a** dans le schéma suivant:

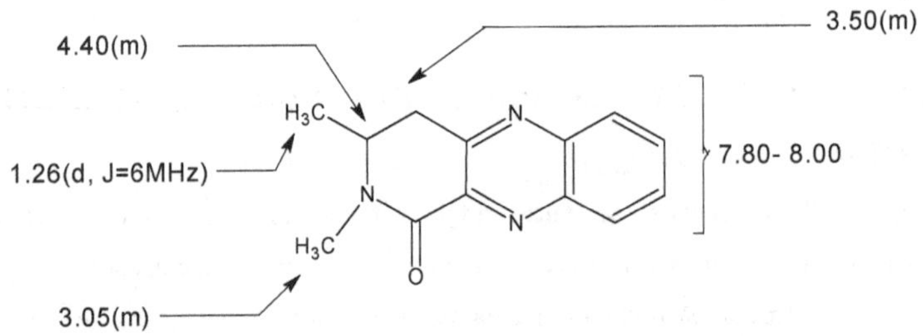

Schéma II.2

Les déplacements chimiques δ (ppm) des protons dans les différents composés sont résumés comme suit (Tableau II.1) :

*Tableau II.1 : Caractéristiques spectrales RMN ^1H des dérivés **34**.*

Composés	C$\underline{H}_3$	C$\underline{H}_{2 (4)}$	C$\underline{H}$ (3)	$\underline{H}$ arom.	R			
					CH$_3$	CH$_2$	CH$_2$	CH$_2$-N
34a	1.26	3.50	4.40	7.90-8.00	3.05	/	/	/
34b	1.25	3.45	4.30	7.90-8.00	1.25	/	/	3.40
34c	1.25	3.50	4.25	7.80-6.97	1.05	/	3.20	1.90
34d	1.25	3.30	4.35	7.75-8.00	0.95	1.45	1.70	1.30

L'examen des déplacements chimiques δ$_H$ des différents protons dans la structure **34** montre l'homogénéité structurale de toute la série.

II.2.2. R.M.N. du carbone 13.

Nous avons utilisé la méthode d'Echo de spin J modulé. Cette dernière nous a servi à différencier les signaux des carbones primaires, secondaires, tertiaires et quaternaires.

Afin de faciliter l'interprétation des données de la partie expérimentale, nous reportons sur le schéma suivant les déplacements chimiques δ_C (ppm) des différents carbones de la structure **34a**.

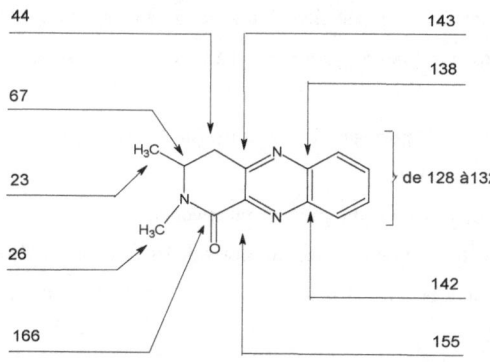

Schéma II.3

Les déplacements chimiques des différents carbones des dérivés **34** sont reportés dans le tableau II.2 suivant:

*Tbleau II.2 : Caractéristiques spectrales RMN ^{13}C des dérivés **34**.*

Composés	$\underline{C}H_3$	$\underline{C}H_2$	$\underline{C}H$	$\underline{C}$=N	$\underline{C}$-N	$\underline{C}$=O	$\underline{C}H$ arom.	R			
								$\underline{C}H_3$	$\underline{C}H_2$	$\underline{C}H_2$	$\underline{C}H_2$-N
34a	23.7	44.1	67.9	143	139	*166*	128, 129	28.5	/	/	/
				155	142		130, 131				
34b	23.6	44.1	67.9	143	139	*166*	128, 129	14.7	/	/	22.8
				155	142		130, 131				
34c	23.7	44.1	67.7	143	138	*166*	128, 129	14.5	/	41.6	22.8
				156	142		131, 132				
34d	23.7	44.1	67.9	143	138	*166*	128, 129.7	13.8	31.6	38.6	20.3
				155	142		130, 132				

II.2.3. Infrarouge :

Tous les spectres I.R des dérivés **34**, réalisés dans des pastilles en KBr, montrent les bandes $\upsilon_{C=N}$ et $\upsilon_{C=C}$ entre 1400-1600 cm^{-1}. On fera également remarquer que la bande de vibration du groupement carbonyle CO apparaît dans les structures **34** aux environs de 1700 cm^{-1}.

II.2.4. Spectrométrie de masse :

La structure des composés considérés a été confirmée sans ambiguïté par la présence à chaque fois de l'ion moléculaire (M$^+$) et de l'ion fragment à m/z = 197 issu de l'expulsion du groupement R sur l'azote. La fragmentation s'entame à chaque fois par la perte du radical méthyle en β de l'hétéroatome de la pyrone et à partir de là on distingue deux voies de fragmentation:

- Elimination du groupement R porté par l'azote suivi par le départ d'une molécule de HCN et une autre de CO conduisant à l'ion m/z = 142

- Perte d'une molécule de CO puis du groupement R conduisant au pic de base (pour tous les dérivés **34**) m/z =169. L'élimination de deux molécules de HCN aboutit à l'ion radical indole.

Les fragmentations obtenues peuvent être illustrées par le schéma II.4 suivant :

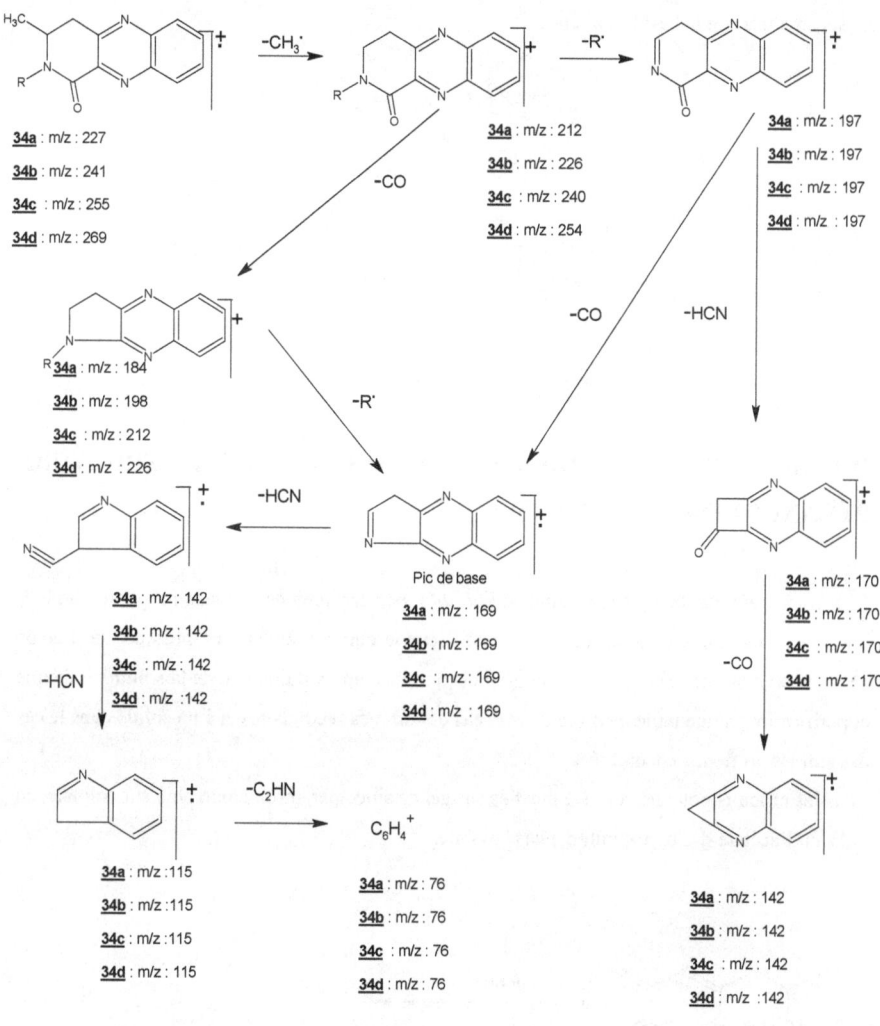

Schéma II.4

II.2.5. Mécanisme réactionnel :

La structure des produits obtenus, indique que le doublet libre de l'azote attaque la position 1 (carbone du carbonyle de la fonction lactonique), conduisant à l'ouverture du cycle pyronique. La deuxième attaque de l'azote sur le carbone en position α du groupement CH₃ permet la cyclisation en structure pyridoquinoxaline.

39

Le schéma réactionnel est le suivant :

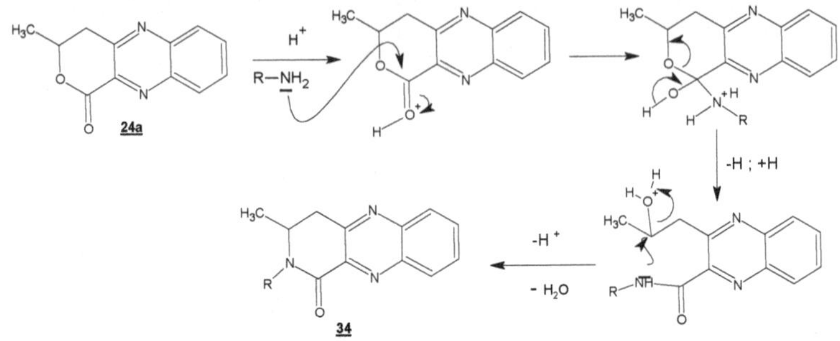

Schéma II.5

II.3. ACTION DES AMINES SECONDAIRES SUR LA STRUCTURE PYRANOQUINOXALINE (24a) :

Le traitement de la structure quinoxaline **24a** par les amines secondaire ou les amines primaires encombrés à reflux dans l'acétate d'éthyle comme solvant, en présence de l'acide acétique en quantité catalytique, conduit à chaque fois, après traitement de la solution obtenue et purification, à une huile incolore dans le cas des amines secondaires et à un solide dans le cas des amines primaires encombrées.

Tous les produits obtenus, ont été purifiés sur gel de silice par chromatographie sur colonne, en utilisant l'acétate d'éthyle comme phase mobile.

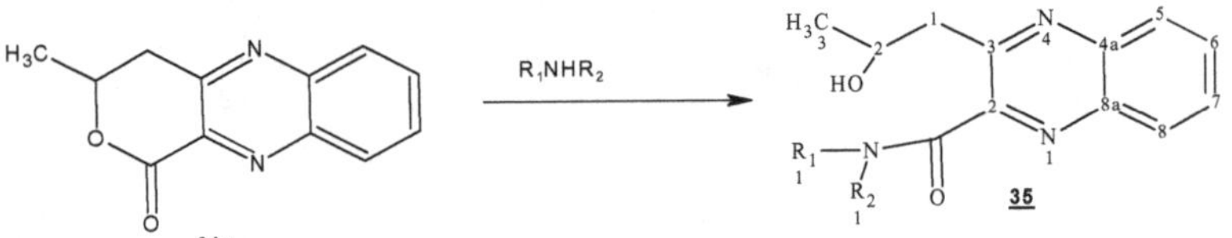

35a: $R_1 = -C_2H_5$; $R_2 = -C_2H_5$

35b: $R_1 = -CH_3$; $R_2 = -CH_2C_6H_5$

35c: $R_1 = -H$; $R_2 = -CH_2C_6H_5$

35d: $R_1 = -H$; $R_2 = -CH(CH_3)_2$

Schéma II.6

Nous représentons sur le tableau II.3, tous les dérivés de structure **35** (après purification) avec

40

leurs rendements, points de fusion, données IR et solvant de recristallisation.

Tableau II.3 : Caractéristiques physiques des composés 35

Dérivés	IRυ cm^{-1})	P.F (C°)	Rend(%)	Solvent de Recryst.
35a	1730 (C=O), 3300 (C-OH)	/	70	/
35b	1740 (C=O), 3400 (C-OH).	/	65	/
35c	1740 (C=O), 3300-3100 (C-NH / C-OH).	90	40	acétate d'éthyle / Ether
35d	1730 (C=O), 3400-3100(C-NH / C-OH).	85	85	acétate d'éthyle / Ether

II.3.1.Infra-rouge :

Tous les spectres I.R, réalisés dans des pastilles en KBr (pour **35c** et **35d**) ou le nujol (pour **35a** et **35b**) montrent les bande habituelles telles que les bandes $\upsilon_{C=N}$ et $\upsilon_{C=C}$ entre 1400-1600 cm^{-1} et la bande de vibration du groupement CO aux environs de 1740 cm^{-1}. On fera également remarquer l'apparition d'une bande large aux environs de 3400 cm^{-1} caractéristique du groupement OH. Les spectres I.R, des dérivés **35c** et **35d** montrent une bande υ_{NH} entre 3320 et 3360cm^{-1}.

II.3.2.Spectroscopie de RMN ^{1}H :

Les spectres des composés **35** présentent des signaux communs, principalement les signaux du groupement CH_3CHOHCH_2- lié au carbone en position 3 de l'hétérocycle pyrazine. Le signal du groupement OH apparaît dans les dérivés **35** dans le domaine de 4 à 6.30 ppm.

Nous remarquons également le signal attribuable au proton lié à l'azote dans le cas de **35c** qui se trouve sous forme d'un triplet à 9.12 ppm.

Les autres raies correspondent aux protons restants de la molécule ; leur nombre ainsi que leur position, dépendent de la nature des groupements R$_1$ et R$_2$ portés par l'azote.

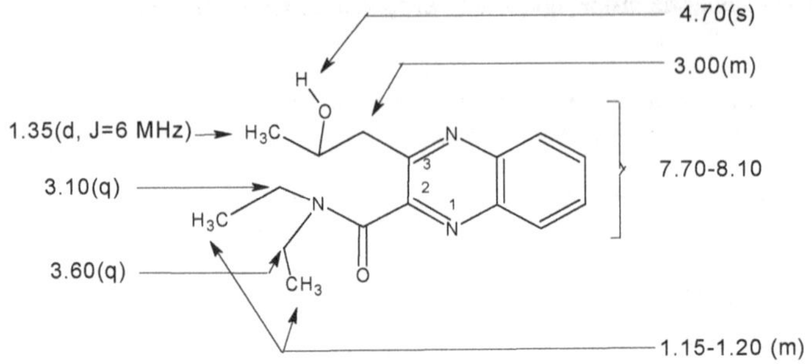

4.70(s)

3.00(m)

1.35(d, J=6 MHz)

3.10(q)

3.60(q)

7.70-8.10

1.15-1.20 (m)

Schéma II.7

Les déplacements chimiques δ (ppm) des protons dans les différents composés sont résumés comme suit (Tableau II.4) :

Tableau II.4 : Caractéristiques spectrales RMN ^1H des dérivés 35

Prods	R_1	R_2	δ (ppm) , J (Hz)
35a	Et	Et	1.15-1.20 (m, 6H, CH_2CH_2N); 1.35 (d, J=6Hz, 3H, CH_3); 3.10 (m, 4H, CH_3CH_2N) ; 3.20 (m, 2H, CH_2CHOH); 4.40 (m, 1H, CH-OH); 4.50 (s, 1H, -OH) ;7.90-8.00 (m, 4H, CH arom).
35b	Me	-CH_2 C_6H_5	.30 (d, J=6Hz, 3H, CH_3); 2.72 (s, 3H, N-CH_3); 2.75 (s, 2H, N-CH_2); 3.19 (m, 2H, CH_2-CH-OH); 3.90 (s, 1H, -OH); 4.40 (m, 1H, CH-OH); 7.20-8.50 (m, 9H, CH arom).
35c	H	-CH_2 C_6H_5	1.40 (d, J=6Hz, 3H, CH_3); 3.60 (m, 2H, CH_2); 4.38 (d, J= 6Hz, 2H, N-CH_2); 4.00 (s, 1H, -OH); 7.20-8.00 (m, 9H, CHarom); 9.12 (t, J=6Hz, -NH).
35d	H	-CH $(CH_3)_2$	1.22-1.26 (m, 9H, 3CH_3); 3.60 (m, 2H, CH_2-CH-OH); 4.20 (m, 1H, CH-$(CH_3)_2$); 4.40 (m, 1H, CH-OH); 5.90-6.30 (s, 2H, -OH / -NH); 7.70-8.10 (m, 4H, CH arom).

II.3.3. RMN ^{13}C :

L'examen des spectres de RMN ^{13}C a permis de confirmer la structure **35** par la présence des pics correspondant respectivement aux carbones du groupement porté par l'azote en plus des pics habituellement observés pour les structures **34**.

La valeur du déplacement chimique pour chaque atome de carbone du dérivé **35a** sont regroupées dans le schéma suivant :

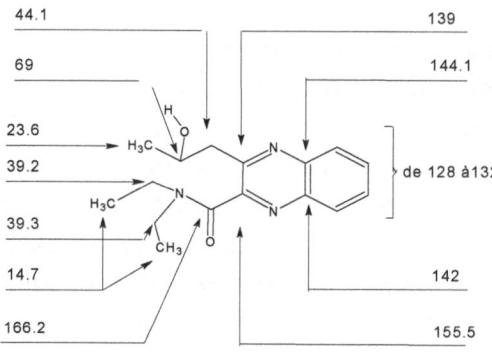

Schéma II.8

Les résultats de RMN ^{13}C des dérivés **35** sont résumés dans le tableau II.5 suivant:

Tableau II.5 : Caractéristiques spectrales RMN ^{13}C des dérivés 35.

Composés	$\underline{C}H_3$	$\underline{C}H_2$	$\underline{C}H$	$\underline{C}=N$	$\underline{C}-N$	$\underline{C}=O$	$\underline{C}H$ arom.	R_1 et R_2
35a	23.6	44.1	67.8	144	139	166	128, 129	14.7(2 $\underline{C}H_3$),
				155	142		130, 132	9.2($\underline{C}H_2$), 39.3($\underline{C}H_2$)
35b	23.7	44.1	67.9	144	138	166	128-134	22.8(N$\underline{C}H_2$),
				155	142			28.3($\underline{C}H_3$), 128-
								134($\underline{C}$Harom)
35c	23.6	44.3	67.8	144	138	166	128-134	22.6(N$\underline{C}H_2$), 128.4-
				155	142			134.3($\underline{C}$Harom)
35d	23.8	44.2	67.7	144	138	164	128, 129.2	21.4(2 $\underline{C}H_3$),
				155	142		130, 132	42($\underline{C}H(CH_2)_2$)

II.3.4. Spectrométrie de masse :

Les spectres de masse des dérivés **35** sont assez semblables à ceux des dérivés **34**, à cause de l'analogie structurale qui existe entre les deux composés. Mais ils se distinguent, néanmoins, par le processus de fragmentation et la différence du pic de base entre les deux structures.

Une preuve supplémentaire de la structure attribuée est la présence à chaque fois de l'ion moléculaire (M^+). Pour le composé **35d**, on observe un pic à m/z 274 (11.20 %) correspondant à l'ion $MH^{+\cdot}$, résultant de la protonation de la molécule. Ce phénomène est particulièrement fréquent dans les alcools et les amines.

La fragmentation se fait selon trois filières différentes :

- La première voie s'entame par une déshydratation suivie par la perte du radical méthyle de la pyrone et d'une molécule d'acétylène et enfin l'élimination d'une molécule de CO aboutissant à l'ion azireno quinoxalin-1-ium (m/z =**35a**: 200, **35b**: 248, **35c**: 234, **35d**:186)

- La deuxième voie commence par l'élimination d'une molécule d'acétaldéhyde suivie par la perte du radical $R_1R_2NCO^\cdot$ et enfin d'une molécule d'acétonitrile conduisant à l'ion m/z = 102.

- La dernière voie est caractérisée par la perte d'une molécule R_1R_2NCOH, la perte du radical méthyle de la pyrone suivie d'une molécule de HCN puis de CO conduisant à l'ion indole m/z = 115.

Les fragmentations obtenues peuvent être illustrées par le schéma II.9 suivant :

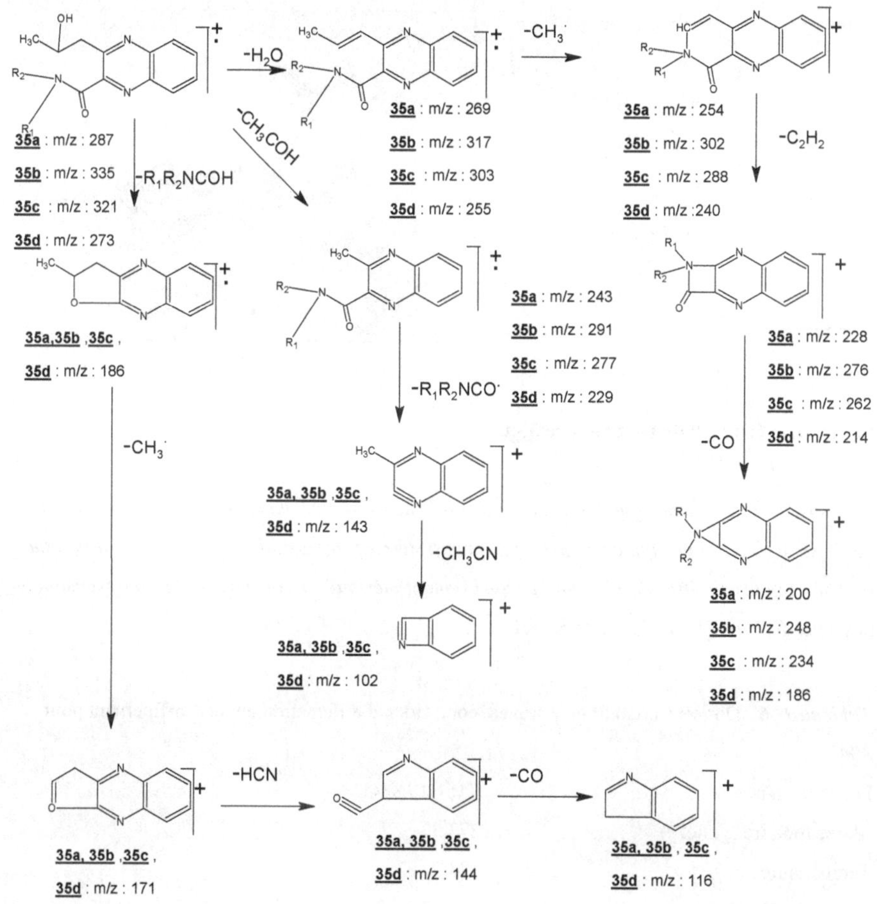

Schéma II.9

II.3.5. Résultats de l'étude structurale par RX du dérivé **35d**

La recristallisation du dérivé **35d** dans un mélange d'éthanol et d'éther à 50%, a permis l'obtention de monocristaux. L'analyse radiocristallographique RX donne la structure suivante, en parfait accord avec les données spectroscopiques déterminées.

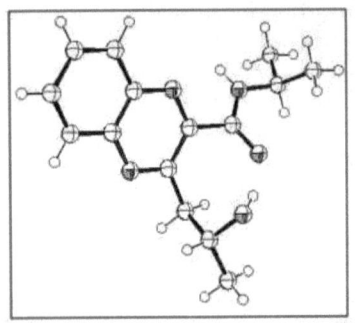 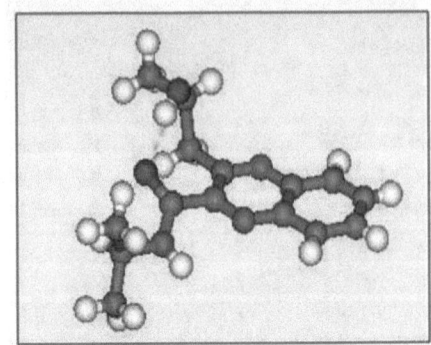

FigureII.1: ORTEP de la structure 35d.

La structure du cristal 35d révèle une liaison hydrogène intramoléculaire entre l'hydrogène de l'hydroxyle et le groupe carbonyle qui, manifestement, assure la stabilité de la forme non-cyclisé et pourrait être, en plus de l'encombrement stérique, à l'origine de la non cyclisation des deux dérivés 35c et 35d dont R1=H.

Tableau II.6 : Données cristallographiques, conditions d'enregistrement et d'affinement pour **35d**

Formule chimique	C15H19N3O2
Masse molaire (g.mol^{-1})	273.33
Température	173(2) K
Longueur d'onde	0.71073 A°
Système cristallin	Monoclinic
Groupe d'espace	P2(1)/c
Paramètres de la maille	a=6.0326(7)A° α=90°.
	b= 12.2669(14)A° β=93.663(2)°.
	c=18.873(2)A° γ=90°.
Volume	1393.8(3)A°^{3}
Z	4
Densité (calculé)	1.303 Mg/m^3
Coefficient d'absorption	0.088 mm-1
F(000)	584

Dimension du crystal	0.4x 0.5x 0.6 mm3
Domaine angulaire	1.98 to 26.41°.
Indices limites	-7<=h<=7,-14<=k<=15,-23<=1<=19
Reflations mesurées	8326
Reflations indépendante	2858[R(int)=0. 0180]
Completeness to theta =21.73°	95.0 %
Absorption correction	SADABS(Bruker-AXS)
θmax- θ min.	1.000000 and 0.868477
Méthode d'affinement	Full- matrix least-squares on F^2
Données / contraintes / paramètres	2858/ 0/ 189
Estimée de la variance (Gof)	1.029
R1, wR1 [I>2σ(I)]	R1=0.0347, wR2=0.0899
R1, wR1 (toutes les données)	R1=0.0416, wR2=0.0954
Densité électronique résiduelle	0.254 and -0.191 e.A$^{\circ-3}$

II.3.6. Mécanisme et Réactivité:

La séquence réactionnelle d'obtention des dérivés **35**, est la même que celle qui permet l'obtention des dérivés **34**, sauf que cette fois ci la réaction s'arrête au niveau de l'ouverture du cycle pyronique qui conduit aux dérivés quinoxalinecarboxamide.

Cette différence de comportement entre les amines primaires substituées par une chaîne aliphatique et les amines primaires substituées par un groupement volumineux, s'explique par les consécrations de l'encombrement stérique; la présence d'un groupement volumineux sur l'azote des amides bloque ces dernières dans une conformation particulière du fait de l'encombrement stérique engendré par ce groupe. La liaison hydrogène entre le proton du groupement hydroxyle et le carbonyle rend encore plus difficile leur cyclisation en pyridones (tous les essais de cyclisation ayant échoué).

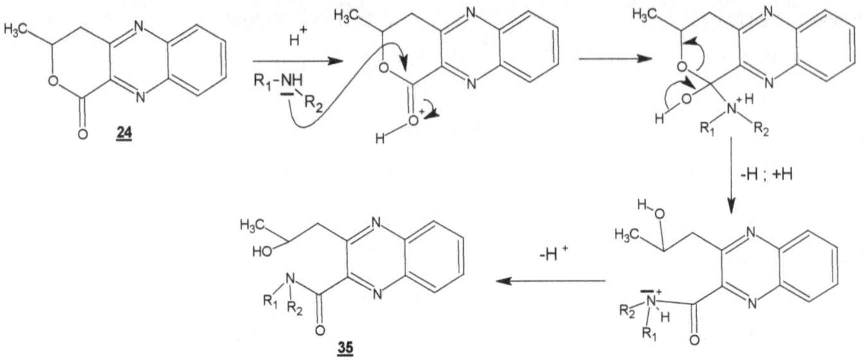

Schéma II.10

II.4. HYDROLYSE DE LA STRUCTURE 24a

L'ouverture du motif pyronique de la structure **24** par hydrolyse de la fonction lactonique devrait conduire à l'acide **36** dont les analogues amino-acides sont connus pour être des inhibiteurs de protéine kinase et sont employés dans l'élaboration de nouveaux traitements contre le cancer [24].

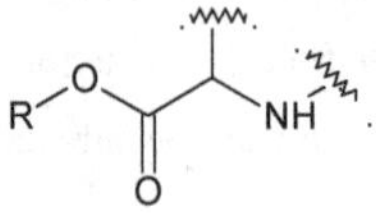

X

Cette idée nous a incité dans un premier temps, à réaliser l'hydrolyse de la structure **24a** en présence de NaOH (5 %) à reflux. Dans ces conditions, nous avons observé la formation de deux produits (c.c.m). Après l'étude du spectre RMN du brut, nous avons conclu à la décomposition du composé **24a** que nous n'avons pas pu identifier dans le mélange.

La même réaction réalisée à température ambiante, nous a donné deux produits issus de la décomposition du dérivé **24a** que nous n'avons pas encore réussi à identifier. La variation de la concentration de la base a conduit au même résultat.

Suite à cet échec, nous avons entrepris de synthétiser le dérivé **36** en deux étapes en isolant dans un premier temps la structure intermédiaire **37** puis le soumettre ensuite à l'hydrolyse dans les conditions précédentes.

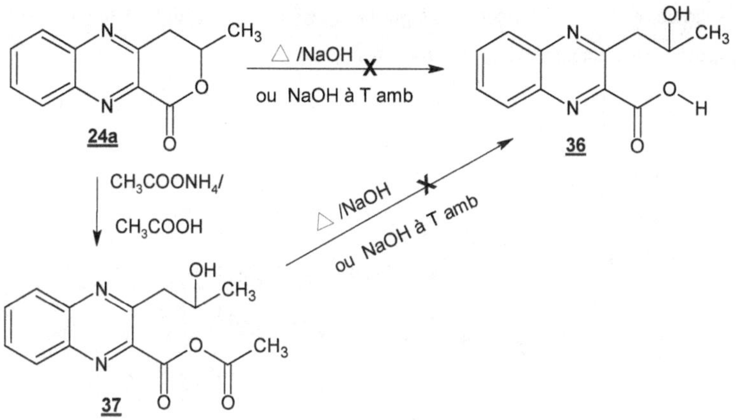

Schéma II.11

II.4.1. Synthèse de la structure 37 :

La structure **37** a été facilement obtenue par condensation du dérivé **24a** avec un excès d'acétate d'ammonium au reflux de l'acide acétique glacial pendant 4 heures. Après refroidissement à température ambiante, le solide formé est filtré et lavé à l'eau puis recristallisé dans l'éthanol pour donner un solide jaune avec un rendement de 70%.

II.4.2. Caractérisation spectroscopique:

II.4.2.1. Infrarouge:

Le spectre IR, réalisé dans une pastille en KBr montre la disparition de la bande υ_{CO}, habituellement observée aux environs de 1750 cm - 1 dans la structure **24a**. On fera également remarquer que l'obtention de la structure **37** devrait nécessairement avoir en infrarouge deux bandes υ_{CO} asymétrique et symétrique typique des anhydrides. Ceci est confirmé par la présence de ces bandes à 1648 et 1686 cm^{-1}.

II.4.2.2. RMN ^{1}H:

Les données du spectre RMN ^{1}H dans le DMSO d$_6$ à 300 MHz du composé **37** indique:

- La présence des signaux habituellement observés dans le produit de départ tels que le signal des hydrogènes du méthyle lié au carbone en position 3 à 1.50 ppm, du méthylène en 4 à 3.40 ppm et le proton en 3 à 4.15 ppm.

49

- La structure proposée est confirmée par la présence à 2.55 ppm d'un singulet d'intensité 3 protons attribuable au CH_3 du groupement acétyle.

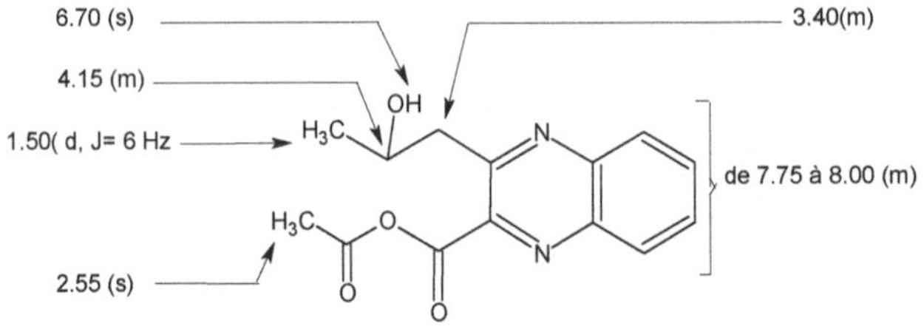

Schéma II.12

L'hydrolyse de la structure **37** dans les mêmes conditions que **24a** (en milieu basique en présence de NaOH avec des concentrations différentes, à reflux ou à température ambiante conduit à des mélanges de produits que nous n'avons pas pu identifier. Le dérivé **37** subit donc une décomposition.

II.5 CONCLUSION

Nous avons montré que l'action des amines primaires sur la structure pyrano quinoxaline **24a** fournit en une seule étape une nouvelle série pyrido quinoxaline avec de bons rendements chimiques. L'action des amines secondaires ainsi que les amines primaires encombrées conduit aux dérivés quinoxalinecarboxamide. Cette différence de réactivité, s'explique par les consécrations de l'encombrement stérique et la formation de liaison hydrogène entre le proton du groupement hydroxyle et l'azote qui confèrent une certaine stabilité à la forme quinoxalinecarboxamide.

Nous pensons avoir contribué ici à la fonctionnalisation de la nouvelle structure pyranoquinoxaline décrite au chapitre précédent. L'hydrolyse de la structure **24a** n'a pu être menée à terme dans les conditions que nous avons appliquées. Seul le produit intermédiaire **37** a été isolé et caractérisé. Cette réaction est actuellement à l'étude.

PARTIE EXPERIMENTALE

Les spectres de RMN ^{1}H ont été réalisés sur spectromètre Brucker AC 200MHz et AC 300MHz les déplacements chimiques sont donnés en ppm par rapport au TMS (référence interne). Les conventions sont les suivantes : s : singulet ; d : doublet ; t : triplet ; q : quadruplet ; m : multiplet

Les spectres RMN ^{13}C ont été effectués en J modulé sur un spectromètre Bruker AC 50 MHz et 75 MHz.

Les spectres de masse ont été réalisés sur un spectromètre Nermag R10-10C avec le mode d'ionisation par impact électronique à 70Ev et / ou ionisation chimique par NH$_3$. Les points de fusion sont pris à l'aide d'un banc Köfler.

Tous les produits chimiques ont été synthétisés à partir des produits d'Aldrich et employés sans purification.

Mode d'obtention des structures 34 et 35 :

A une solution de 2 mmole du composé de structure pyranoquinoxaline 24a dissout dans 10 ml d'acétate d'éthyle, on ajoute 2.5 mmole de l'amine et 0.3 mL d'acide acétique. Le mélange est chauffé au reflux pendant 4h. Après évaporation du solvant, le mélange réactionnel est ensuite purifié par chromatographie sur colonne de silice en utilisant l'acétate d'éthyle comme solvant de migration. Les proportions qui contiennent le produit sont regroupées puis évaporées à sec.

2,3-Dimethyl-1,2,3,4-tetrahydropyrido[3,4-*b*]quinoxalin-1-one (34a).

Rendement: 50 %. Recristallisation dans l'éthanol; PF: 76-78 °C.

IR (KBr) υ cm^{-1}): 1700 (C=O).

RMN ^{1}H (CDCl$_3$, δ ppm): 1.26 (d, J=6Hz, 3H, CH_3); 3.05 (s, 3H, N-CH_3); 3.50 (m, 2H, C$H_{2(4)}$); 4.40 (m, 1H, C$H_{(3)}$); 7.90-8.00 (m, 4H, arom-H).

RMN ^{13}C (CDCl$_3$, δ ppm): 23.7 (CH_3); 28.5 (N-CH_3); 44.1 ($CH_{2(4)}$); 67.9 ($CH_{(3)}$); 128.5, 129.1, 130.1, 131.7 (arom-CH); 138.9 ($C_{(4a)}$); 142.4 ($C_{(9a)}$); 143.8 ($C_{(5a)}$); 155.3 ($C_{(10a)}$); 165.9 (C=O).

S.M.(IE, 70ev) : m/z (%): 227 (30) (l'ion moléculaire), 169 (100).

Analyse Centésimale: (C$_{13}$ H$_{13}$N$_3$ O): Trouvée C, 68.71; H, 5.77; N, 18.49. Calculée: C, 68.80; H, 5.79; N, 18.51.

2-Ethyl-3-methyl-1,2,3,4-tetrahydropyrido[3,4-*b*]quinoxalin-1-one (34b).

Rendement: 60 %. Recristallisation dans l'éthanol; PF: 80-82 °C.

IR (KBr) υ cm^{-1}): 1705 (C=O).

RMN ^{1}H (CDCl$_3$, δ ppm): 1.25 (t, J=7Hz, 3H, N-CH$_2$-CH_3); 1.35 (d, J=6Hz, 3H, CH_3); 3.40 (q, J=7Hz, 2H, N-CH_2-CH$_3$); 3.45 (m, 2H, C$H_{2(4)}$); 4.30 (m,1H, C$H_{(3)}$); 7.90-8.00 (m, 4H, arom-H).

RMN ^{13}C (CDCl$_3$, δ ppm): 14.7 (N-CH$_2$-CH$_3$); 22.8 (N-CH$_2$-CH$_3$); 23.6 (CH$_3$); 44.1 (CH$_{2(4)}$); 67.9 (CH$_{(3)}$); 128.4, 129.1, 130.2, 131.7 (arom-CH); 139.2 (C$_{(4a)}$); 142.4 (C$_{(9a)}$); 143.5 (C$_{(5a)}$); 155.8 (C$_{(10a)}$); 166.2 (C=O).

S.M.(IE, 70ev) m/z (%): 241 (40) (l'ion moléculaire), 169 (100).

Analyse Centésimale: (C$_{14}$H$_{15}$N$_3$O): Trouvée C, 69.69; H, 6.27; N, 17.41. Calculée: C, 69.75; H, 6.31; N, 17.39.

3-Methyl-2-propyl -1,2,3,4-tetrahydropyrido[3,4-*b*]quinoxalin-1-one (34c).

Rendement: 90 %. recristallisation dans l'éthanol; PF: 88-90 °C.

IR (KBr) υ cm^{-1}): 1720 (C=O).

RMN ^{1}H (CDCl$_3$, δ ppm): 1.05 (t, J=7Hz,3H, N(CH$_2$)$_2$CH_3); 1.25 (d, J=6Hz, 3H, CH_3); 1.90 (t, J=7Hz,   2H, CH_2); 3.20 (m, 2H, CH_2); 3.50 (m, 2H, C$H_{2(4)}$); 4.25 (m, 1H, CH); 7.80-8.00   (m, 4H, arom-H).

RMN ^{13}C (CDCl$_3$, δ ppm): 14.5 (N-(CH$_2$)$_2$-CH$_3$); 22.8 (CH$_2$-N); 23.7 (CH$_3$); 41.6 (CH$_2$-CH$_2$-N);   44.1 (CH$_{2(4)}$); 67.7 (CH$_{(3)}$); 128.4, 128.9, 130.7, 132.1 (arom-CH); 138.2 (C$_{(4a)}$); 141.9 (C$_{(9a)}$); 143.4 (C$_{(5a)}$); 156.2 (C$_{(10a)}$); 166.5 (C=O).

S.M.(IE, 70ev) m/z (%): 255 (20) (l'ion moléculaire), 169 (100).

Analyse Centésimale: (C$_{15}$H $_{17}$N$_3$O): Trouvée C, 70.56; H, 6.71; N, 16.46. Calculée: C, 70.60; H, 6.78; N, 16.51.

2-Butyl-3-methyl-1,2,3,4-tetrahydropyrido[3,4-*b*]quinoxalin-1-one (34d).

Rendement: 85 %. recristallisation dans l'éthanol; PF: 85-87 °C.

IR (KBr) υ cm^{-1}): 1700 (C=O).

RMN ^{1}H (CDCl$_3$, δ ppm): 0.95 (t, J=7Hz, 3H, N(CH$_2$)$_3$CH_3); 1.25 (d, J=6Hz, 3H, CH_3); 1.30 (t, J=7Hz, 2H, CH_2-N); 1.45 (m, 2H, CH_2); 1.70 (m, 2H, CH_2); 3.30 (m, 2H, C$H_{2(4)}$); 4.35 (m,

1H, C$H_{(3)}$);   7.75-8.00 (m, 4H, arom-CH).

RMN ^{13}C (CDCl₃, δ ppm): 13.8 (N(CH₂)₃$CH3$); 20.3 (CH_2-N); 23.7 (CH_3); 31.6 (CH_2); 38.6 (CH_2); 44.1 ($CH_{2(4)}$); 67.9 (C$H_{(3)}$); 128.4, 129.7, 130.4, 131.6 (arom-CH); 138.6 ($C_{(4a)}$); 142.4 ($C_{(9a)}$); 143.5 ($C_{(5a)}$); 155.8 ($C_{(10a)}$); 166.3 (C=O).

S.M.(IE, 70ev) m/z (%): 269 (35) (l'ion moléculaire), 169 (100).

Analyse Centésimale: (C₁₆H₁₉N₃O): Trouvée C, 71.35; H, 7.11; N, 15.60. Calculée: C, 71.39; H, 7.17; N, 15.59.

N^2,N^2-Diethyl-3-(2-hydroxypropyl)-2-quinoxalinecarboxamide (35a).

Rendement: 70 % (huile).

IR (Nujol) υ cm⁻¹): 1730 (C=O), 3300 (C-OH).

RMN ^{1}H (CDCl₃, δ ppm): 1.15-1.20 (m, 6H, CH_3CH₂N); 1.35 (d, J=6Hz, 3H, CH_3); 3.10 (m, 4H,   CH₃CH_2N); 3.20 (m, 2H, CH_2CHOH); 4.40 (m, 1H, CH-OH); 7.90-8.00 (m, 4H, arom-   CH).

RMN ^{13}C (CDCl₃, δ ppm): 14.7 (CH₃CH₂-N); 23.6 (CH_3); 39.2 (CH₃CH₂-N); 39.3 (CH3CH2-N); 44.1 (CH_2CH-OH); 67.8 (CH-OH); 128.6, 129.1, 130.0, 132.1 (arom-CH); 139.0 ($C_{(3)}$); 142.5 ($C_{(8a)}$); 144.1 ($C_{(4a)}$); 155.5 ($C_{(2)}$); 166.2 (C=O).

S.M.(IE, 70ev) m/z (%): 287 (15) (l'ion moléculaire), 187 (30), 169 (10), 144 (100).

Analyse Centésimale: (C₁₆H₂₁N₃O₂) : Trouvée C, 66.88; H, 7.37; N, 14.62. Calculée: C, 66.91; H,   7.32; N, 14.69.

N^2-Benzyl-N^2-methyl-3-(2-hydroxypropyl)-2-quinoxalinecarboxamide (35b)

Rendement: 65 % (huile).

IR (Nujol) υ cm⁻¹): 1740 (C=O), 3400 (C-OH).

RMN ^{1}H (CDCl₃, δ ppm): 1.30 (d, J=6Hz, 3H, CH_3); 2.72 (s, 3H, N-CH_3); 2.75 (s, 2H, N-CH_2);   3.19 (m, 2H, CH_2-CH-OH); 3.90 (s, 1H, -OH); 4.40 (m, 1H, CH-OH); 7.20-7.90 (m, 9H,   arom-CH).

RMN ^{13}C (CDCl₃, δ ppm): 23.7 (CH_3); 28.3 (N-CH_3); 22.8 (N-CH_2); 44.1 (CH_2-CH-OH); 67.9   (CH-OH); 128.4, 128.7, 129.1, 129.4, 130.1, 131.1, 131.9, 133.4, 134.1 (arom-CH); 138.2   ($C_{(3)}$); 142.4 ($C_{(8a)}$); 143.8 ($C_{(4a)}$); 155.3 ($C_{(2)}$); 165.9 (C=O).

S.M.(IE, 70ev) m/z (%): 335 (25) (l'ion moléculaire), 187 (10), 169 (20), 144 (100).

Analyse Centésimale: ($C_{20}H_{21}N_3O_2$): Trouvée C, 71.62; H, 6.31; N, 12.53. Calculée: C, 71.66; H, 6.28; N, 12.49.

N^2-Benzyl-3-(2-hydroxypropyl)-2-quinoxalinecarboxamide (35c).

Rendement: 72 %; recristallisation dans l'éthanol; PF: 90 °C.

IR (KBr) υ cm^{-1}): 1740 (C=O), 3300-3100 (C-NH / C-OH).

RMN ^{1}H (CDCl$_3$, δ ppm): 1.40 (d, J=6Hz, 3H, CH_3); 3.60 (m, 2H, CH_2); 4.38 (d, J= 6Hz, 2H, N- CH_2); 4.00 (s, 1H, -OH); 7.20-8.00 (m, 9H, arom-CH); 9.12 (t, J=6Hz, -NH).

RMN ^{13}C (CDCl$_3$, δ ppm): 23.6 (CH$_3$-CH-OH); 22.6 (N-CH$_2$); 44.3 (CH$_2$-CH-OH); 67.8 (CH-OH); 128.4, 128.7, 129.6, 129.7, 130.4, 130.8, 131.6, 133.4, 134.3 (arom-CH); 138.6 (C$_{(3)}$); 142.6 (C$_{(8a)}$); 143.7 (C$_{(4a)}$); 155.5 (C$_{(2)}$); 166.0 (C=O).

S.M.(IE, 70ev) m/z (%): 321 (25) (l'ion moléculaire), 187 (10), 169 (20), 144 (100).

Analyse Centésimale: ($C_{19}H_{19}N_3O_2$): Trouvée C, 71.01; H, 5.96; N, 13.08. Calculée: C, 71.08; H, 6.03; N, 13.03.

N^2-Isopropyl-3-(2-hydroxypropyl)-2-quinoxalinecarboxamide (35d).

Rendement: 85 %; recristallisation dans l'éthanol; PF: 83-85 °C.

IR (KBr) υ cm^{-1}): 1730 (C=O), 3400-3100(C-NH / C-OH).

RMN ^{1}H (CDCl$_3$, δ ppm): 1.22-1.26 (m, 9H, 3CH_3); 3.60 (m, 2H, CH_2-CH-OH); 4.20 (m, 1H, CH- (CH$_3$)$_2$); 4.40 (m, 1H, CH-OH); 5.90-6.30 (s, 2H, -OH / -NH); 7.70-8.10 (m, 4H, arom- CH).

RMN ^{13}C (CDCl$_3$, δ ppm): 21.4, 22.7 (CH$_3$-CH-CH$_3$); 23.8 (CH$_3$.CH-OH);   44.2 (CH$_2$-CH- OH); 42.0 (CH$_3$-CH-CH$_3$); 67.7 (CH-OH); 128.5; 129.2; 130.1; 131.7   (arom-CH); 139.0 (C$_{(3)}$); 142.4 (C$_{(8a)}$); 143.8 (C$_{(4a)}$); 155.5 (C$_{(2)}$); 164.4 (C=O).

S.M.(IE, 70ev) : m/z (%): 273 (30) (l'ion moléculaire), 169 (100).

Analyse Centésimale: ($C_{15}H_{19}N_3O_2$): Trouvée C, 65.41; H, 7.01; N, 15.37. Calculée: C, 65.49; H, 7.08; N, 15.30.

Mode d'otention de la structure 37:

A une solution de 1 mmole de la pyranoquinoxaline **24a** dans 10 ml d'acide acétique glacial, on ajoute deux équivalents d'acétate d'ammonium. Le mélage réactionel est chauffé au reflux pendant 4h. Aprés refroidissement, le solide formé est filtré, lavé à l'eau puis cristallisé dans l'éthanol pour donner un solide jaune.

Acetique6-chloro-3-(2-hydroxypropyl) quinoxaline-2-carboxyliqueanhydride 37:

Rendement : 70 %; recristallisation dans l'éthanol; PF: 160 °C.

IR (KBr) υ cm^{-1}): 3490(C-OH) 1686 et 1648 (CO-O-CO)

RM N ^{1}H (CDCl$_3$) δ (ppm): 1.50 (d , J = 6 Hz, 3H, CH_3) ; 2.55 (s , 3H, CH$_3$);3.40 (m , 2H, CH$_2$); 4.15 (m , 1H, CH) ; 6.70 (s, 1H, OH); 8.00 (m ,4H, C$_6$H$_4$).

BIBLIOGRAPHIE

[1]- N. P. Buu-Hoi, J. N. Vallat, G. S-Ruf, G. Lambelin, *Chim. Ther.*, 6(4), 245, 1971.

[2]- a) H. S. Kim, J. Y. Chung, E. K. Kim, Y. T. Park, Y. S. Hong, M. K. Lee, Y. Kurasawa, A.Takada., *J. Heterocycl. Chem.*, 33, 1855, 1996.

b)K. Makino, H. S. Kim, Y. Kurasawa., *J. Heterocycl. Chem.*, 36, 321, 1999.

[3]- H. S. Kim, E. K. Kim, S. S. Kim, Y. T. Park, Y. S. Hong, Y. Kurasawa, *J. Heterocycl. Chem.*, 34, 39, 1997.

[4]-Y. Kurasawa, M. Muramatsu, K. Yamazaki, S. Tajima, Y. Okamoto, A. Takada, *J. Heterocycl. Chem.*, 23, 1379, 1986.

[5]-G. Sarodnick, M. Heydenreich, T. Linker, E. Kleinpeter., *Tetrahedron.*, 59, 6311-6321, 2003.

[6]- R. Sekellariou, V. Speziale, A. Bendaas, M. Hamdi, *J. Soc. Alger. Chim.*, 5 (1) ,1-11, 1995.

[7]-P. Daniele, L. Giordano, M. Marisa, S. Alessandra, C. Margalida, H. Jose., *Tetrahedron.*, 56, 5205-5208, 2000. .

[8]- C. S. Wang, J. P. Easterly, *Tetrahedron.*, 27, 2581, 1971.

[9]- Hamdi .M , Thèse de Doctorat-es- Science, Université d'Alger (1975) .

[10]- S. Castillo, M. Ouadahi, V. Hérault, *Bull. Soc. Chim. France.*, 7, (8), 257, 1982.

[11]- A.P. Sedgwick, N. Collie, *J. Chem. Soc.*, 65, 399, 1985.

[12]- H. Haintiger, *Ber.*, 18, 152, 1882.

[13]- B.Al-Saleh, N. Al-Awadi, H. Al-Kandari, M. M. Abdel-Khalil, H. Elnagdi., *J. Chem. Res.*, 1, 201, 2000.

[14]- C. Ping, J. Barrish, E. Iwanowicz, J. Lin, M. Bednarz, *Tetrahedron Lett.*, 42, 4293, 2001.

[15]- E. V. Stoyanov, I. C. Ivanov., *Molecules.*, 9, 627–631, 2004.

[16]-K. Won-Suk, L. Jin-Hee, K. Jongmin, C. Cheon-Gyu, *Tetrahedron Lett.*, 45, 1683– 1687, 2004.

[17]- B. Nedjar. Kolli, M. Hamdi, J. Perie, V. Hérault., *J. Heterocycl. Chem.*, 15(7), 1153-8, 1978.

[18]- B. Nedjar. Kolli, M. Hamdi, J. Perie, V. Herault., *J. Heterocycl. Chem.*, 18(3), 543-7, 1981

[19]-B.Chantegrel, A. I. Nadi, S. Gelin,. *J. Heterocyclic Chem.*, 21(1), 17-19, 1984.

[20]- B. A. Wexler, *Eur. Pat. Appl.*, 152286, 21 Aug 1985.

[21]-G. Odasso, G. Winters, *Farmaco, Edizione Scientifica.*, **33**(2), 148-55, **1978**.

[22]-N. Yu, R. Poulain, A. Tartar, J. C. Gesquiere, *Tetrahedron.*, **55**(48), 13735-13740, **1999**.

[23]-T. Ukita, Y. Nakamura, A. Kubo, Y. Yamamoto, Y. Moritani, K. Saruta, T. Higashijima, J. Kotera, M. Takagi, K. Kikkawa, K. Omori, *J. Med. Chem.*, **44**(13), 2204-2218, **2001**.

[24]- M. Bourotte Thèse de Docteur de l'université Louis Pasteur, Strasbourg (France), **2004**.

Chapitre III:SYNTHESE DES COMPOSES DE STRUCTURE BENZOTRIAZOLE

A PARTIR DES ENAMINONES.

III.1. INTRODUCTION

Vu l'importance donnée par notre laboratoire à la synthèse de nouveaux hétérocycles condensés et substitués par la pyrone ou l'acide tetronique, un travail précédent [1] sur la synthèse des structures benzimidazoles et benzimidazolones par action des N,N-dimethylalkylamide dimethylacétal et du bis(trichlorométhyl) carbonate (triphosgène) sur les énaminones **38** et **39** a été réalisé.

Le présent travail a pour but de synthétiser une série de composés hétérocycliques présentant le noyau triazole condensé avec le cycle benzénique et substitué par le noyau pyronique ou furanonique; ces différents noyaux étant connus pour leurs activités biologiques intéressantes.

Les composés de structure benzotriazole forment aujourd'hui une classe de substances très importantes. Certains composés qui incorporent le noyau triazole ont été rapportés; ils possèdent des propriétés très intéressantes telles que anti-fongique [2,3], insecticide [4], antimicrobienne [5,6], bactéricide [7] et antivirale [8]. Quelques dérivés du triazole sont utilisés comme anticonvulsivantes [9,10] et comme agents anti-hypertensifs [11].

Très récemment, une étude a signalé le comportement des benzotriazoles en tant qu'analogues de bases entrant dans la structure de l'ADN [12]. Les résultats d'une autre étude [13] indiquent que la 5,6-dimethyl-1 H- benzotriazole **40** et la 5,6-dibromo-1 H -benzotriazole **41** [14] ont une activité antiprotozoaire, contre les amibes qui parasitent l'organisme humain, surtout contre la forme *Entamoeba histolytica*, responsable d'une forme de dysenterie (dysenterie amibienne) et les amibes du genre *Naegleria*, qui vivent dans les eaux douces et qui peuvent provoquer chez l'homme une maladie mortelle du système nerveux.

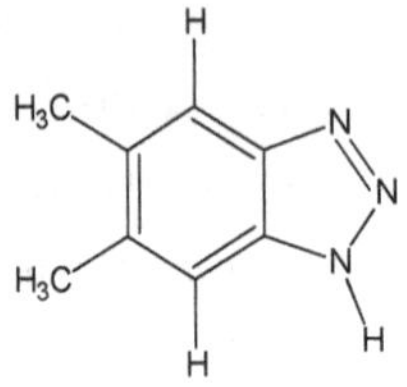

40 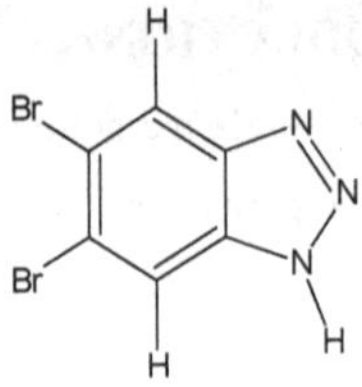   **41**

Le comportement antipsychotique de la structure benzotriazole **42** suivante a été illustré par une étude récente [15].

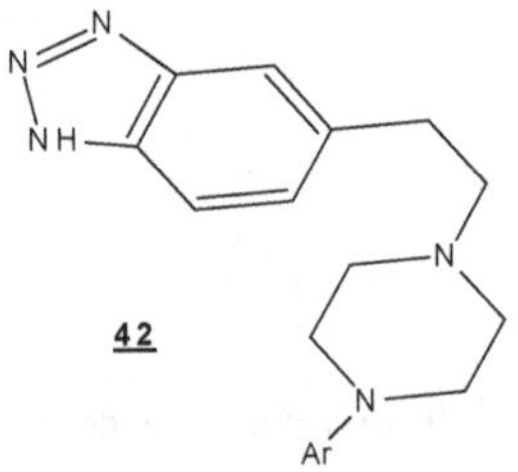

42

La structure : N-2-[2-(1H-1,2,3-benzotriazol-1-ylmethyl)-1H-benzo[d]imidazol-1-yl]ethyl-N,N-diethylamine **43** suivante a montrée une activité anti virale [16] et contre les infections respiratoire provoquées par un virus appelé (RSV) responsable d'une forme de bronchiolite (cette maladie se rencontre le plus fréquemment chez les enfants de moins de 2 ans).

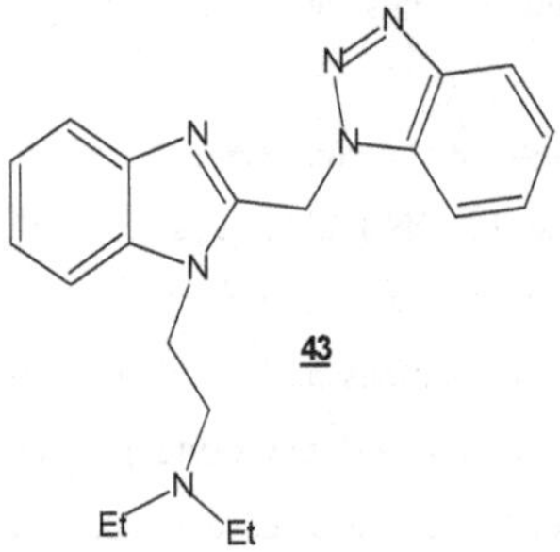

43

Une étude pharmacologique récente[17], a mené à l'identification du dérivé 2-(benzoylaminomethyl)thiophene sulfonamido benzotriazole **44**, comme inhibiteur efficace et sélectif de la kinase JNK(connu sous le nom de la kinase proteine d'activation de stress), et de ce fait, elle s'est révélée être indiqué dans le traitement des maladies neurodégénératives (maladies :

d'Alzheimer, Parkinson...).

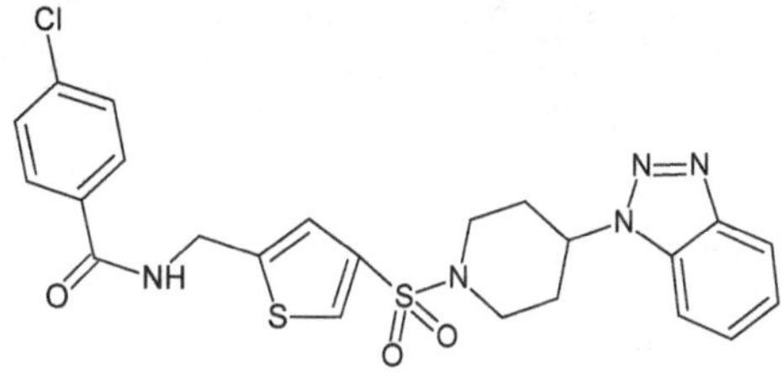

44

La plupart des dérivés de type 1-oxo(benzotriazol-2-yloxy)acide acétique **45** ont montrés des activités anti-inflammatoires, myorelaxantes et diurétiques fortes à des doses orales de 25 mg/kg[18]. L'activité sur le SNS (système nerveux central), de ces dérivés a été clairement montrée par des tests pharmacologiques sur les souris.

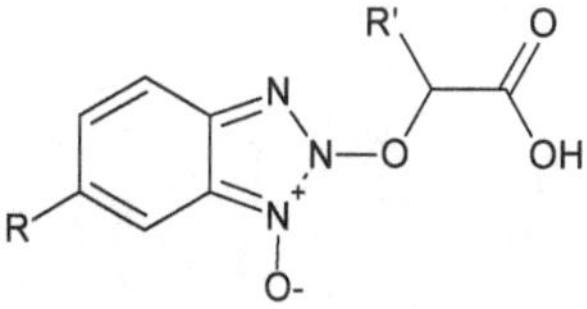

R= H, Cl, CH$_3$, OCH$_3$.

R' = H, CH$_3$.

45

Dans le cadre d'un programme international [19], afin d'élaborer une nouvelle classe de molécules anti- tuberculeuses, une nouvelle série de type 3-aryl de 2-(1H(2H)-benzotriazol-1(2)-yl)acrylonitriles **46** a été conçue. Ces dérivés ont été examinés à l'institut de recherche méridional, (centre de la maladie de GWL Hansen, le Colorado, Etats-Unis). Après une étude relation structure activité (SAR), les auteurs concluent à une activité anti-tuberculeuse digne d'intérêt pour les dérivés de configuration E.

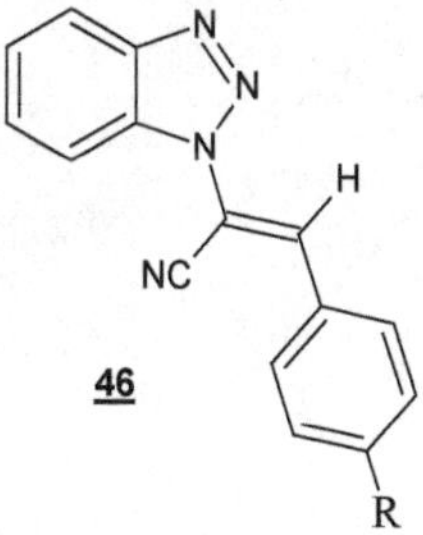

46

a: R= H   **e**: R= Br

b: R= CH$_3$ **f**: R=CF$_3$

c: R= F   **g**: R= COOH

d: R= Cl   **h**: R= NO$_2$

Plus récemment, une étude a été réalisée sur le même type de molécule (**47**) [20]. Cette étude conforte les résultats précédents, par l'activité antituberculeuse de ces molécules, et également par l'activité appréciable de l'isomère E par rapport à l'isomère Z.

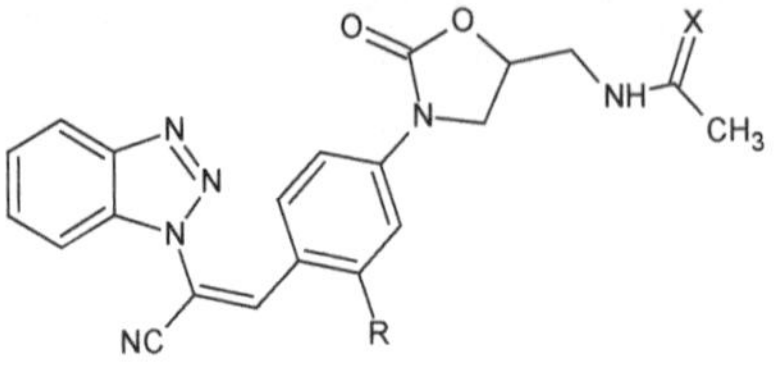

R = H, F ; X = O, S

47

Par ailleurs, une autre étude [21] a révélé que l'acide 1-Isopropylbenzotriazole-5-carboxylique **48** a été identifié comme agoniste sélectif de la G-protéine (GPR109b). Cette molécule a montré un grand potentiel dans le traitement de la maladie d'athérosclérose (une association variable de remaniements de l'intima des artères de gros et moyen calibre consistant en une accumulation locale de lipides, de glucides complexes, de sang, de produits sanguins, de tissu fibreux et de dépôt calcaires).

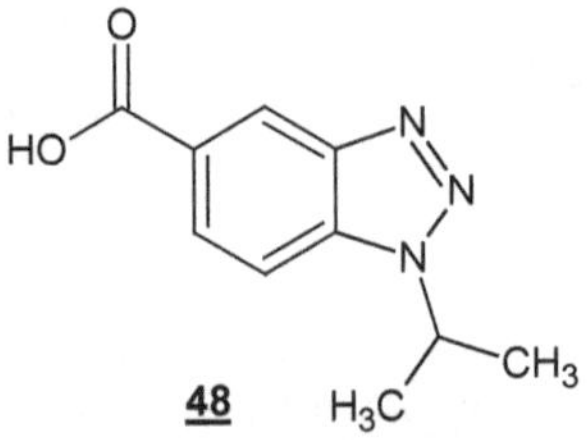

48

D'autre part [22], la structure 5, 6-dichloro-1-(b-D-ribofuranosyl)benzotriazole **49** (DRBT), s'est révélée être un inhibiteur sélectif du virus West Nile (WN).

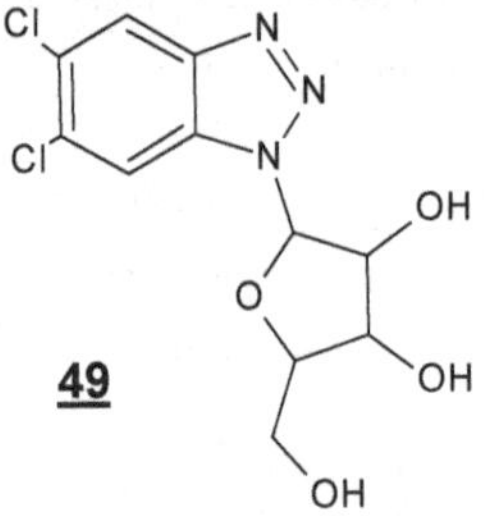

49

L'étude de corrélation structure - activité (SAR) [23], faite sur la structure **50** suivante a mis clairement en évidence l'importance des groupements pharmacophores. En effet l'activité biologique de nombreux dérivés de cette structure est soit induite soit modifiée par l'introduction,

62

de nouveaux groupements ou fonctions. Nous citons à titre d'exemple :

-L'évaluation de l'effet anti-nociceptique, cette activité augmente dans l'ordre pour les dérivés **d, b, a, c, f.**

- seuls les dérivée **a, b, c** ont montrés une activité anti-inflamatoire dans l'ordre décroissant.

	R	Ar
a	CH_3	C_6H_5
b	CH_3	$4\text{-}MeC_6H_4$
c	CH_3	$4\text{-}ClC_6H_4$
d	OC_2H_5	C_6H_5
e	OC_2H_5	$4\text{-}MeC_6H_4$
f	OC_2H_5	$4\text{-}ClC_6H_4$

D'un point de vue synthétique, les benzotriazoles N-substitué peuvent être obtenus généralement selon deux types de réactions ; nous citons à titre d'exemple :

-La N- substitution (arylation) directe par transfert de phase ou par réaction de Mannich de la structure 1,2,3- benzotriazole.

- Condensation de HNO₂ (NaNO₂ +HCl) sur le N-substitué 1,2- diaminobenzène dans les conditions de la réaction de Graebe –Ullmann.

Nous décrivons ci- dessous quelques synthèses des composés de structure N-substitués benzotriazoles selon les différentes méthodes.

Réaction de N- Substitution du noyau benzotriazole

les benzotriazoles N-substitués peuvent être obtenus par simple alkylation directe ou en transfert de phase du dérivé 1,2,3-benzotriazole.

La méthode la plus utilisée ces dernières années pour la synthèse des composés de structure N-substitué- 1,2,3-benzotriazole est l'alkylation directe de la structure 1,2,3-benzotriazole (produit commercial), mais elle présente cependant l'inconvénient d'engendrer un mélange de produits résultant de l'alkylation des trois azotes en position 1, 2 et 3[24].

Ce résultat peut s'expliquer par l'existence de trois formes tautomère pour la benzotriazole substituée :

De nombreux chercheurs ont mis au point des méthodes spécifiques permettant d'alkyler juste la position souhaitée [25-30].

Synthèse des benzotriazoles par la réaction de Mannich

La synthèse des benzotriazoles N-substitués par la réaction de Mannich a été développée à

partir du N-H benzotriazole, dérivé commercial et le formaldéhyde en présence d'un produit
présentant un site nucléophile [31-34] :

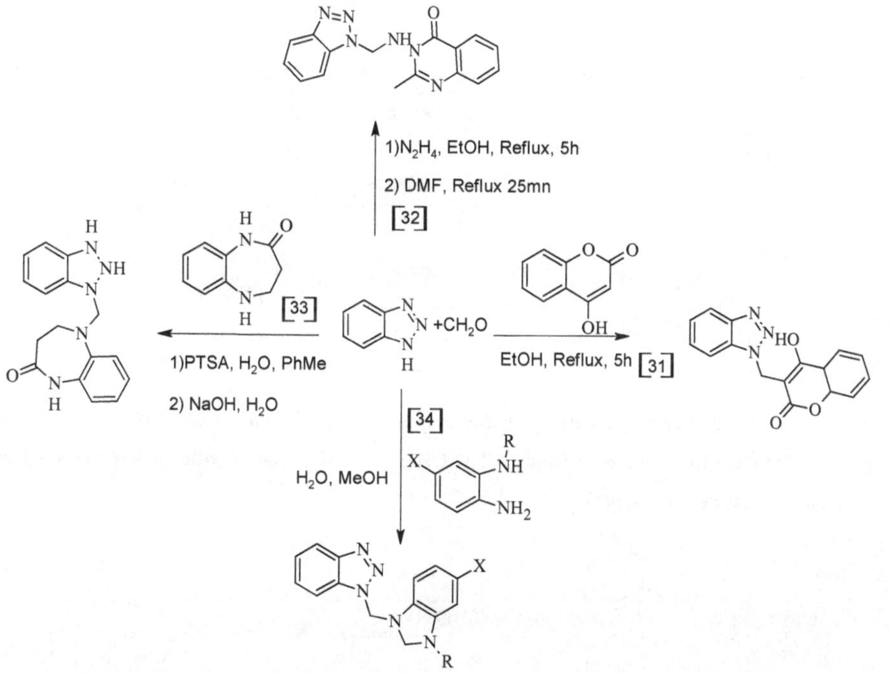

Réactions intramoléculaires: action de NaNO₂ sur les diaminobenzène:

La réaction de Graebe –Ullmann [35-38] qui a été reprise par d'autres chercheurs [12,37] est la
plus ancienne méthode (1896) qui décrit la synthèse d'une structure benzotriazole N-substituée.

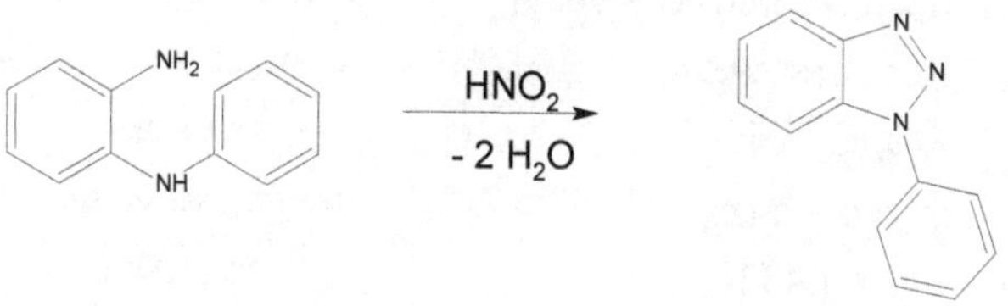

La réaction de 1-(o-aminophenyl)-1,2,3-triazole-5-thiols avec NaNO2 a été mentionnée [39]. Le
produit de la cyclisation conduit au dérivé 5-(1-benzotriazole)-1,2,3-thiadiazoles.

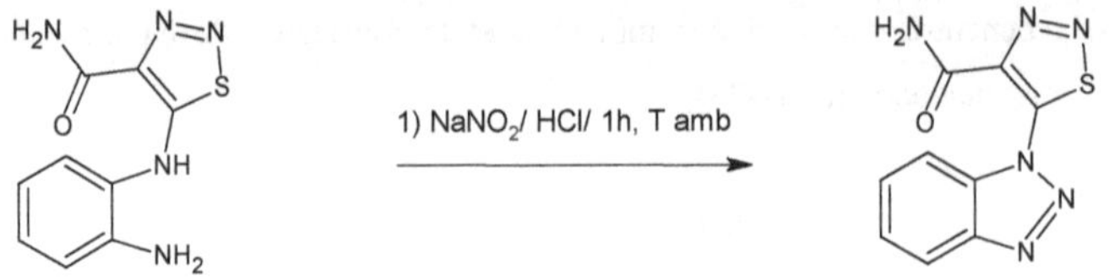

La réaction de condensation de NaNO$_2$ avec les diamines peut également avoir lieu en présence de l'acide acétique au lieu de HCl. Elle permet la formation des triazoles comme le montre l'exemple ci-dessous [40].

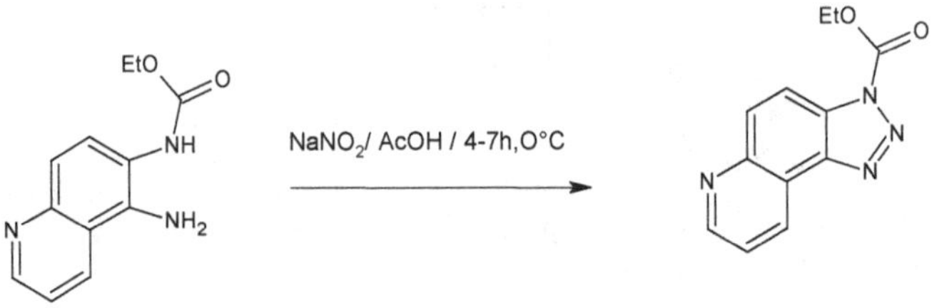

Une série de benzotriazole (R= H, Me et méthoxy) a été synthétisée en utilisant le même mode opératoire. La solution basique (NH$_4$OH) est utilisée pour purifier le produit final en éliminant l'excès de NaNO$_2$ [41].

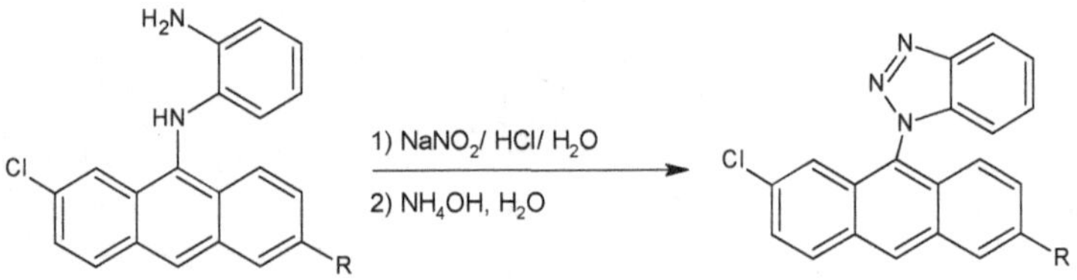

Un autre type de construction du motif benzotrizole a été relevé a partir d'un noyau benzène portant un groupement azide. L'inconvénient de ce procédé est qu'il nécessite plusieurs étapes avant d'accéder à la structure souhaitée [42, 43].

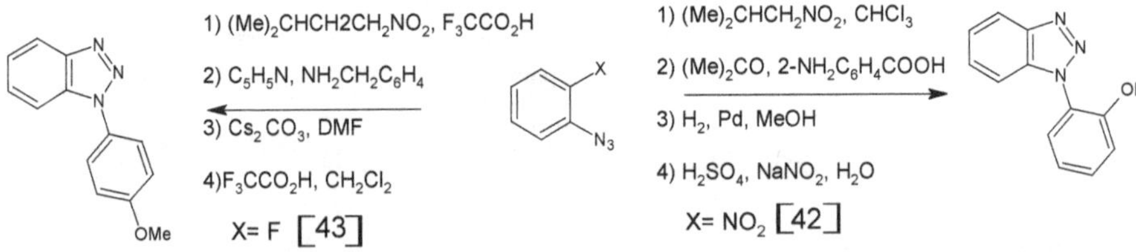

De ce bref survol de la littérature, il ressort que diverses méthodes de synthèse ont été développées afin d'aboutir aux structures benzotriazoles. Ces efforts ont été suscités par l'intérêt de ces molécules qui constituent un important motif dans beaucoup de composés bioactifs.

66

L'intérêt pharmacologique et industriel de ces molécules nous a incité à étudier la synthèse de dérivés homologues à partir des énaminones **38** et **39**. Ces énaminones se distinguent par la position et la nature de leurs fonctions amines, l'une primaire et l'autre secondaire, ils se comportent de ce fait comme des N- substitués 1,2 diamino benzène. L'application de la réaction de Graebe -Ullmann selon les conditions décrites conduit à des structures de type pyrano (furano) benzotriazoles.

III.2. SYNTHESE DE QUELQUES DERIVES DE STRUCTURE BENZOTRIAZOLE

La condensation du nitrite de sodium $NaNO_2$ avec les énaminones **38** et **39** en présence de HCl et à basse température (0 –5 °C) donne dans chaque cas la benzotriazole attendue avec de bons rendements, la réaction étant signifiée par la précipitation du produit :

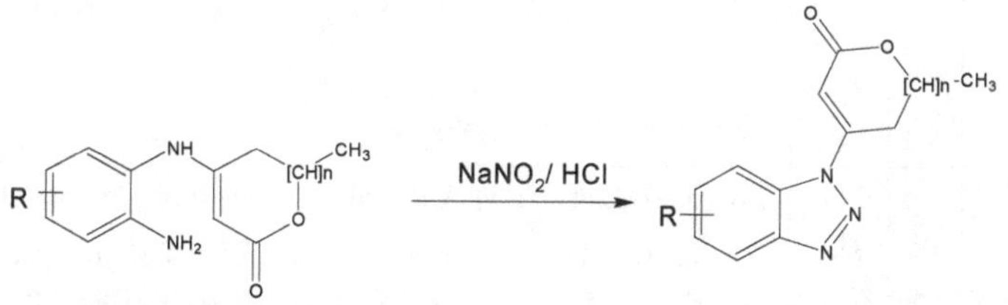

38 (n= 1)   R= H,CH₃, Cl.   **51**
39 (n=0)

Schéma III.1

Tous les dérivés de type **51** sont caractérisés par une étude spectroscopique approfondie : RMN ^1H, ^{13}C, spectrométrie de masse par impact électronique et analyse élémentaire.

Le tableau III.1 résume quelques données physiques des dérivés de type **51** (point de fusion et rendement).

*Tableau III.1 : données physiques des dérivés de type **51***

Dérivés	**51a**	**51b**	**51c**	**51d**	**51e**	**51f**
R	H	CH₃	Cl	H	CH₃	Cl
n	1	1	1	0	0	0
Rdt %	85	75	60	90	80	70
PF (°C)	185-187	200-202	206-208	203-205	207-209	209-211

III.2.1. Analyse spectroscopique:

Les spectres RMN ^1H sont réalisés dans le DMSOd$_6$ à 200 MHz. Nous avons utilisé pour la majorité des dérivés, en RMN ^{13}C la méthode du J modulé. L'étude par spectrométrie de masse à 70 ev indique, pour chaque produit la masse moléculaire correspondante. Elle est suivie par une étude de fragmentation des benzotriazoles.

III.2.1.1. RMN ^1H :

Les spectres de RMN ^1H réalisés dans le diméthylsulfoxyde (DMSOd$_6$) montrent, par la constance des signaux, l'homogénéité structurale de toute la série des benzotriazoles de structure **51**. Les différents déplacements chimiques sont mentionnés dans le tableau III.2 suivant :

Tableau III.2 : Déplacements chimiques δ (ppm) en RMN ^1H.

Composé **51**	n	R	RMN ^1H (DMSO-d$_6$/TMS) δ(ppm), J(Hz)
51a	1	H	1.62(d, 3H, J=6, CH3); 3.17 (dd, 1H, Jab=16.8 Hz, Jac= 3.6Hz, CH) ; 3.77 (dd, 1H, Jba=16.8 Hz, Jbc=12 Hz , CH); 4.82 (m, 1H, CH); 6.34 (s, 1H, CH); 7.51-8.17 (m, 4H, C6H4).
51b	1	CH$_3$	1.64(d, 3H, J=6, CH$_3$); 2.59 (s, 3H, CH3); 3.67 (dd, 1H, Jab=16.8 Hz, Jac= 3.6 Hz, CH); 3.71 (dd, 1H, Jba=16.8 Hz, Jbc=12 Hz , CH); 4.82 (m, 1H, CH en 6); 6.44 (s, 1H, CH en 3); 7.28-8.05 (m, 3H, C6H3) .
51c	1	Cl	1.65(d, 3H, J=6, CH3); 3.20 (dd, 1H, Jab=16.8 Hz, Jac= 3.6 Hz, CH); (dd, 1H, Jba=16.8 Hz, Jbc=12 Hz , CH); 4.75 (m, 1H, CH); 6.36 (s, 1H, CH); 7.21-8.20(m, 3H, C$_6$H$_3$arom).
51d	0	H	5.81 (s, 2H, CH2); 7.07 (s, 1H, CH); 7.68-8.40 (m, 4H, C6H4).
51e	0	CH$_3$	2.49 (s, 3H, CH3); 5.66 (s, 2H, CH2); 6.87 (s, 1H, CH); 7.57-8.16 (m, 3H, C6H3)
51f	0	Cl	5.92 (s, 2H, CH2); 6.95 (s, 1H, CH); 7.55-8.27 (m, 3H, C6H3).

Les différentes constatations faites sur les spectres de RMN ^1H sont mentionnées ci -dessous :

*Dans le cas de N- pyronyle (n=1).

- Le méthyle en position 6 apparaît à 1.62, 1.64 et 1.65 ppm respectivement dans les dérivés **51a**, **51b** et **51c** sous forme d'un doublé (J= 6Hz), ce couplage est dû au proton voisin.

- Le proton éthylénique en position 3 apparaît à 6.34, 6.44 et 6.36 ppm pour les dérivés **51a**, **51b** et **51c** respectivement.

- Les deux protons du groupe méthylène en position 5 apparaissent séparément sous forme de deux doublés dédoublés aux environs de 3.17 et 3.77 ppm (J_{Ha-Hb} =16.8 Hz, J_{Ha-Hc} =3.6Hz et J_{Hb-Hc} = 12 Hz) .

- Un massif aux environs de 4.50 ppm attribuable au H_6.

*Dans le cas de N- furanyle (n =0).

- Le groupe méthylène en 5 apparaît à 5.81, 5.66 et 5.92 ppm pour les dérivés **51d**, **51e** et **51f**, respectivement.

- Le proton éthylénique en position 3 apparaît à 7.07 (**51d**), 6.87 (**51e**) et 6.95 ppm (**51f**).

- En plus des éléments relevés précédemment nous observons les signaux spécifiques à chaque dérivé.

Signalons toutefois que la comparaison du spectre RMN ^1H du produit de départ (**38** ou **39**) avec le spectre du proton du produit d'arrivé (pour chaque dérivé) montre a chaque fois l'absence sur ce dernier des signaux relatifs aux groupements amines (NH_2 et NH). Ce qui prouve leurs engagements dans cette réaction.

Nous indiquons à titre représentatif les caractéristiques spectrales (RMN ^1H) dans le DMSO à 250 MHz du dérivé **51a** (schéma III.2).

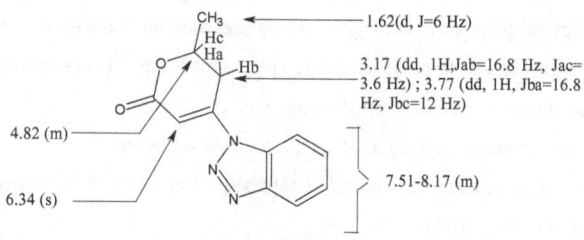

Schéma III.2

Ces observations, nous ont permis de conclure que le nitrite de sodium $NaNO_2$ à réagi avec les deux groupements amines (NH_2 et NH) présents dans les énaminones **38** et **39** pour conduire aux structures benzotriazoles attendues substituées par les motifs pyronique ou furanonique.

III.2.1.2. RMN ^{13} C.

Les caractéristiques spectrales RMN ^{13}C dans le DMSO correspondant aux dérivés **51** sont mentionnées dans le tableau III.3 suivant :

Tableau III.3 : déplacement chimique du carbone des dérivés de type 51

Compo sés	n	C$_{arom}$ (ppm)	C$_{2'}$ (ppm)	C$_{3'}$ (ppm)	C$_{4'}$ (ppm)	C$_{5'}$ (ppm)	C$_{6'}$ (ppm)	C$_{7'}$ (ppm)	R (ppm
51a	1	111,121,125,130,147, 149.	165	107	108	37	71	20	/
51b	1	111,121,126,130,146, 140.	166	104	109	33	73	20	22
51c	1	112,121,126,135,147, 149.	165	104	110	32	74	20	/
51d	0	112,120,126,130,146, 150.	166	100	110	68	/	/	/
51e	0	111,119,128,131,146, 156.	165	99	109	68	/	/	21
51f	0	112,120,126,135,147, 156	165	100	109	68	/	/	/

L'étude des spectres de résonance magnétique nucléaire du carbone a permis de mettre en évidence la cyclisation des énaminones **38** et **39** en présence du NaNO$_2$ en benzotriazole. Cette observation est confirmée par la présence sur le spectre de RMN ^{13}C des dérivés **51** du signal à 107 ppm caractéristique du carbone éthylénique CH en position 3 du cycle pyronique (cycle fyranonique). Ce qui montre que la cyclisation n'a pas lieu sur ce site.

Nous indiquons à titre représentatif les caractéristiques spectrales (RMN ^{13}C) dans le DMSO à 200 MHz du dérivé **51a** (schéma III.3).

70

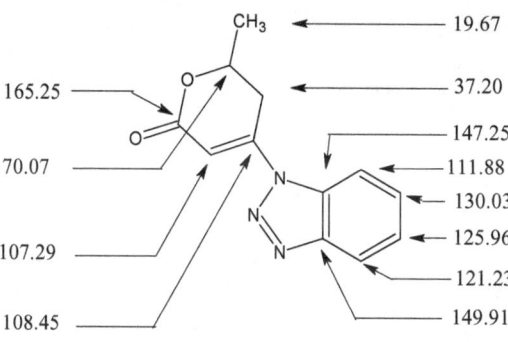

Schéma III.3

Nous remarquerons qu'en RMN ^1H le déplacement chimique du proton en position 3 passe d'environs 4 ppm dans les énaminones **38** et **39** aux environs de 6.5-7 ppm dans les dérivés **51**. Nous relevons la même constatation en RMN ^{13} C, ou les déplacements chimiques de C_3 passent d'environs 82 ppm dans les énaminones **38** et **39** aux environs de 108-110 ppm dans les dérivés **51**. Ce déblindage peut s'expliquer par le fait que la structure benzotriazole est plus conjuguée que la structure énaminone de départ.

III.2.1.3. Spectrométrie de masse :

Nous avons utilisé la spectrométrie de masse à impact électronique à 70 Ev, afin d'étudier le mode de fragmentation des produits de structure benzotriazole **51**.

L'interprétation des spectres de masse, nous a permis de noter les observations suivantes :

a) On relève sur tous les spectres le pic de l'ion moléculaire M$^+$.

b) Les spectres montrent que la fragmentation se passe de façon homogène dans la plupart des dérivés, bien qu'il existe une légère différence entre les deux structures N-pyranobenzotriazole et N-furanobenzotriazole.

c) L'intensité des pics représentant les ions varie d'un dérivé à un autre.

Nous relevons pour les deux structures (N-pyranobenzotriazole et N-furanobenzotriazole) deux voies de fragmentation :

a) La première voie, commence par la perte d'un radical CH$_3$ (pour la structure N-pyranobenzotriazole), suivi de la perte d'une molécule de formaldéhyde puis de celle de CO. La perte de CO conduit à l'ion radical indole.

b) La deuxième voie s'entame par une décarboxylation et une déazotation simultanées, suivies par la perte du radicale CH$_3$ (pour la structure N-pyranobenzotriazole)et C$_2$H$^-$, conduisant

71

à l'ion radical indole.

Les principales fragmentations sont données sur les deux schémas III.4 (n= 0) et III.5 (n=1) suivants :

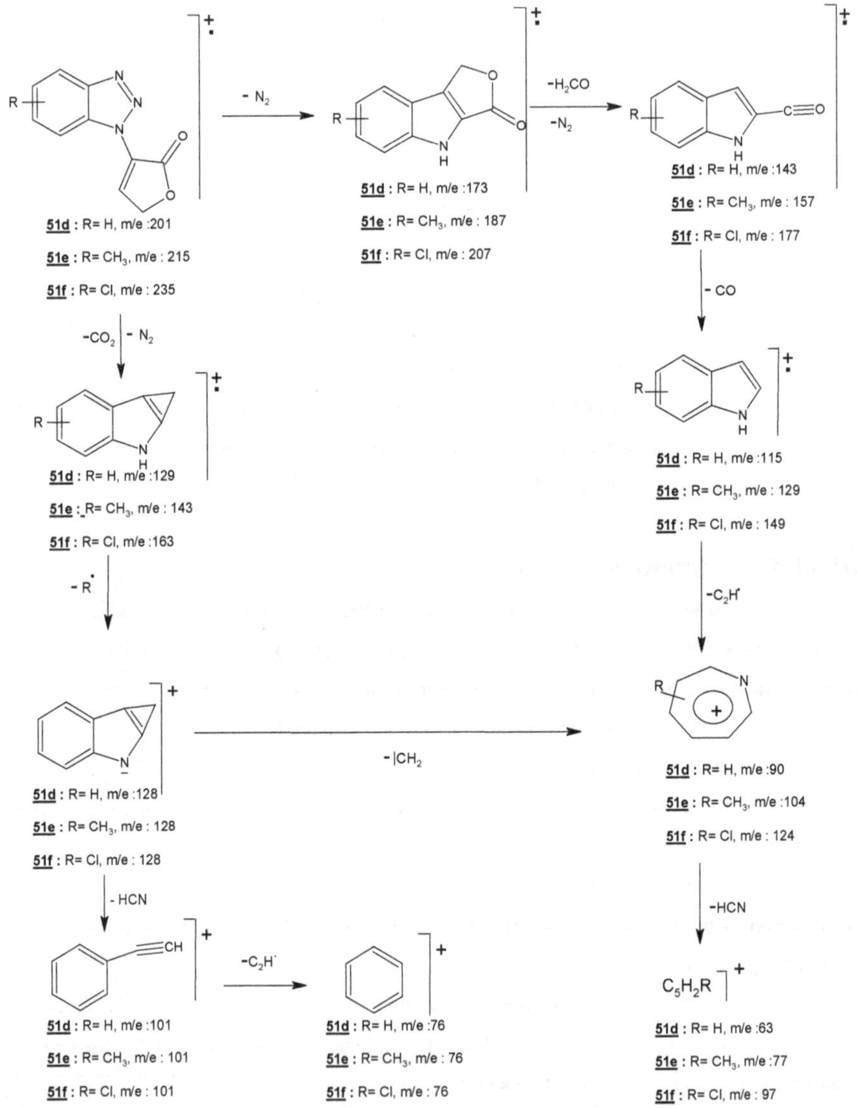

51d : R= H, m/e :201

51e : R= CH$_3$, m/e : 215

51f : R= Cl, m/e : 235

51d : R= H, m/e :173

51e : R= CH$_3$, m/e : 187

51f : R= Cl, m/e : 207

51d : R= H, m/e :143

51e : R= CH$_3$, m/e : 157

51f : R= Cl, m/e : 177

51d : R= H, m/e :129

51e : R= CH$_3$, m/e : 143

51f : R= Cl, m/e :163

51d : R= H, m/e :115

51e : R= CH$_3$, m/e : 129

51f : R= Cl, m/e : 149

51d : R= H, m/e :128

51e : R= CH$_3$, m/e : 128

51f : R= Cl, m/e : 128

51d : R= H, m/e :90

51e : R= CH$_3$, m/e :104

51f : R= Cl, m/e : 124

51d : R= H, m/e :101

51e : R= CH$_3$, m/e : 101

51f : R= Cl, m/e : 101

51d : R= H, m/e :76

51e : R= CH$_3$, m/e : 76

51f : R= Cl, m/e : 76

C_5H_2R

51d : R= H, m/e :63

51e : R= CH$_3$, m/e :77

51f : R= Cl, m/e : 97

Schémas III.4

72

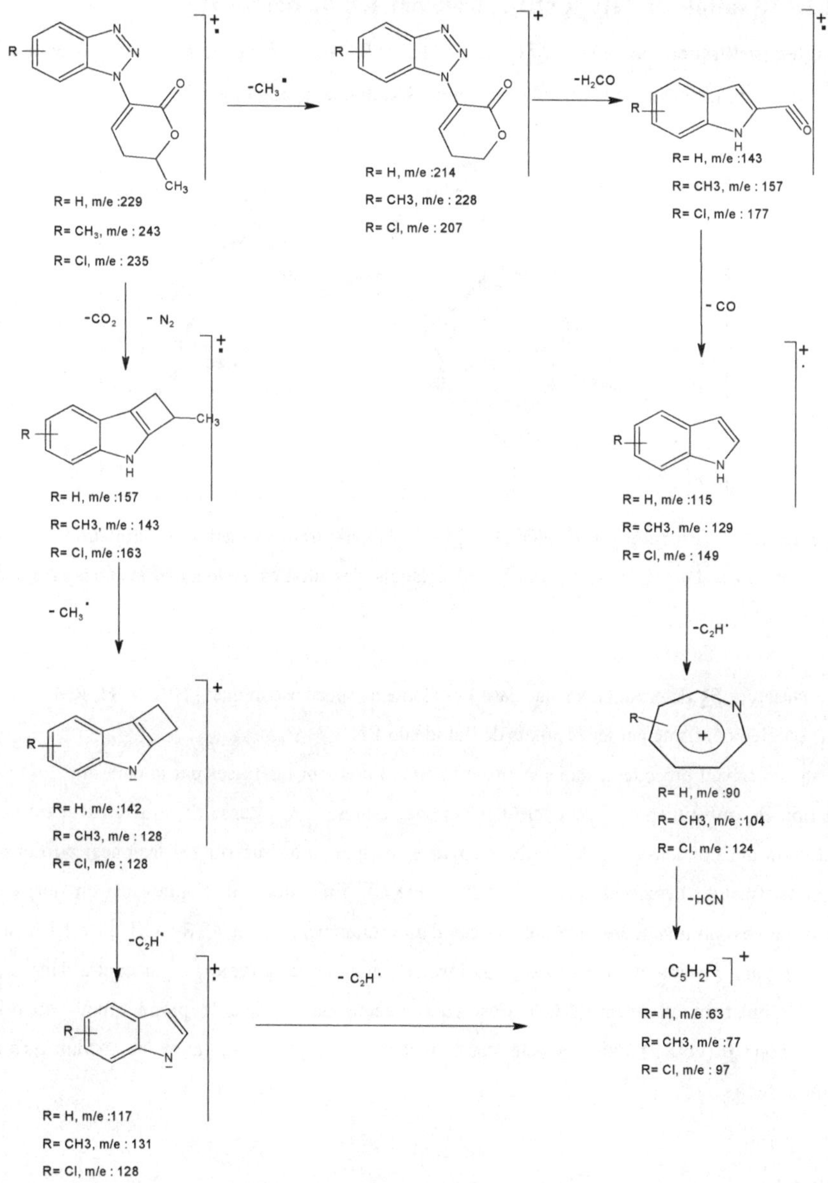

R= H, m/e :229
R= CH₃, m/e : 243
R= Cl, m/e : 235

R= H, m/e :214
R= CH3, m/e : 228
R= Cl, m/e : 207

R= H, m/e :143
R= CH3, m/e : 157
R= Cl, m/e : 177

R= H, m/e :157
R= CH3, m/e : 143
R= Cl, m/e :163

R= H, m/e :115
R= CH3, m/e : 129
R= Cl, m/e : 149

R= H, m/e :142
R= CH3, m/e : 128
R= Cl, m/e : 128

R= H, m/e :90
R= CH3, m/e :104
R= Cl, m/e : 124

R= H, m/e :117
R= CH3, m/e : 131
R= Cl, m/e : 128

C_5H_2R

R= H, m/e :63
R= CH3, m/e :77
R= Cl, m/e : 97

Schémas III.5

73

III.2.2.Résultats de l'étude structurale par RX du dérivé <u>51e</u>

La recristallisation du dérivé **<u>51e</u>** (R= CH$_3$, n=0) dans l'éthanol, a permis l'obtention de monocristaux. L'analyse radiocristallographique RX, donne la structure suivante:

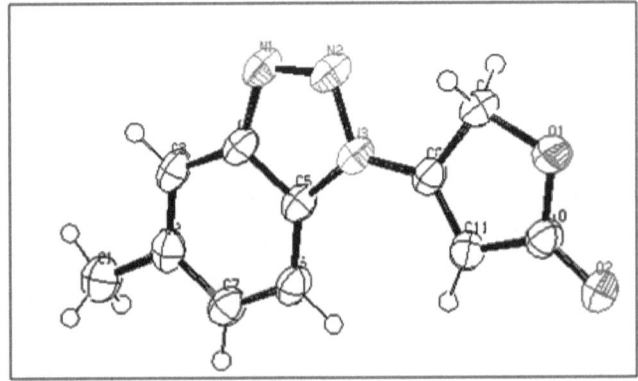

Figure.III.1: Structure du dérivé **<u>51e</u>** (11-(ethylthio)-3-methyl-4,5-dihydropyrano[4,3-b][1,5]benzodiazepin-1(3H)-one) donnant les labels des atomes et leurs ellipsoïdes d'agitation thermique.

La structure **<u>51</u>** déterminée sur la base des données spectroscopiques (RMN ^{1}H, RMN ^{13}C, et SM) est bien confirmé par les résultats de l'étude du RX.

Dans un travail précédent, nous avons été particulièrement intéressés par la détermination de la position du substituant sur le cycle benzénique, que se soit dans les structures énaminones (obtenues par condensation de l'orthophénylène diamine substitué sur les lactones) ou dans les produits finaux (benzimidazole, benzodiazépine....). En effet, en s'appuyant sur les effets électroniques, on a suggéré, que dans le cas d'un groupement donneur (R= CH$_3$), c'est l'azote en position para qui attaque le premier pour former l'énaminone **A** (voie 1), par contre dans le cas d'un groupement attracteur (NO$_2$), c'est l'autre azote qui attaque le premier pour aboutir à l'énaminone **B** (voie 2), dans les deux cas la réaction est régiospécifique et ne conduit qu'à une seule structure.

La structure RX du dérivé **51e** nous a permis de confirmer la stéréochimie du composé obtenu dont le groupement R (CH$_3$) est bien en position para par rapport au groupement N-alkyle de la lactone.

Tableau III.4. Données cristallographiques, conditions d'enregistrement et d'affinement pour **51e**.

Formule chimique	C11H9N3O2
Masse molaire	215.21
Température	173(2) K
Longeur d'onde	0.71073 A°
Système cristallin	Monoclinic
Groupe d'espace	P2(1)/n
Dimensions de la maille	a=11.580(6)A° α=90°.
	b= 5.880(3)A° β=108.113(11)°.
	c=15.621(8)A° γ=90°.
Volume	1011.0(9)A°^{3}
Z	4
Densité (calculée)	1.414 Mg/m^3
Coefficient d'absorption	0.101 mm-1
F(000)	448
Dimension du crystale	0.05x 0.2x 0.4 mm3
Domaine angulaire	5.11 to 23.25°.
Indices limites	-12<=h<=12,-6<=k<=6,-17<=l<=12
Reflations mesurées	4192
Reflations Indépendante	1447[R(int)=0.0863]
Completeness to theta =21.73°	99.0 %
Absorption correction	None

75

Méthode d'affinement	Full- matrix least-squares on F^2
Données / contraintes / paramètres	1447/ 0 / 146
Estimée de la variance (Gof)	1.009
R1, wR1 [I>2σ(I)]	R1=0.0687, wR2=0.1632
R1, wR1 (toutes les données)	R1=0.1129, wR2=0.1897
Densité électronique résiduelles	0.336 and -0.277 e.A$^{\circ-3}$

III.2.3. Mécanisme réactionnel :

L'étude du mécanisme réactionnel (schéma III.6) montre la possibilité de formation de deux produits **51** et/ou **51'**. Ainsi pour la première étape l'élimination de deux molécules d'eau résultant de la condensation de la fonction amine primaire NH_2 avec HNO_2 donne l'intermédiaire **A** (ion diazonium). Il est très important de noter que les ions diazoniums réagissent comme des électrophiles et sont peut stables mais peuvent être conservés plusieurs heures à 0 °C. On peut rendre compte de leur stabilité relative en utilisant la méthode de la mésomérie :

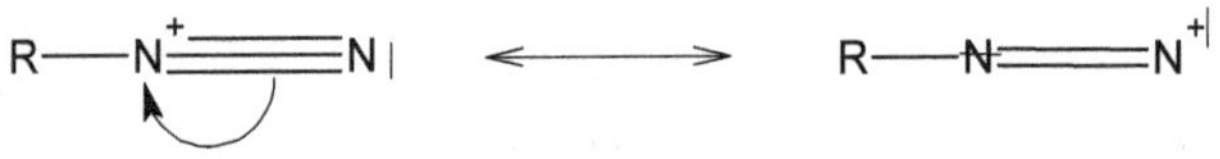

Dans la deuxième étape, l'hétérocyclisation peut se faire à partir de l'amine secondaire (NH) pour donner les benzotriazoles (voie 1) ou à partir du carbone en position 3 du cycle pyronique ou du cycle furanonique (compte tenu du caractère nucléophile de ce site), pour aboutir à la benzotriazépine (voie 2).

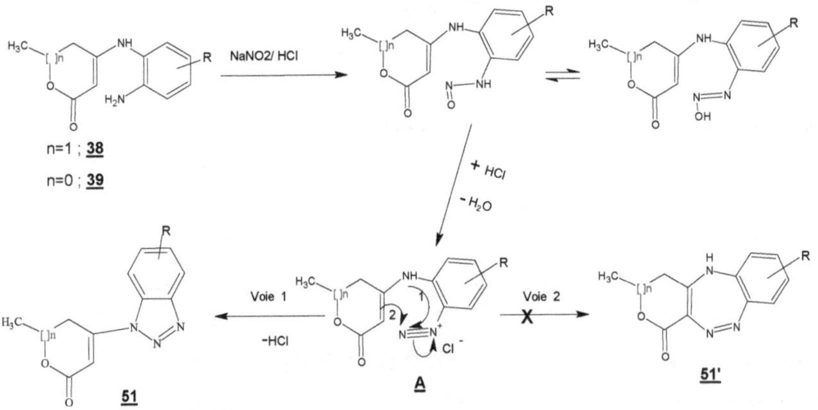

Schémas III.6

76

L'examen des spectres du proton pour les dérivés formés, montre la disparition des signaux relatifs aux deux groupements amines (NH$_2$ et NH), ce qui implique leurs engagements dans la réaction. De plus, la présence du signal correspondant au déplacement chimique du CH éthylénique permet de trancher en faveur de la voie 1 (formation des benzotriazoles) et d'écarter la deuxième voie (formation des benzotriazépines).

La présence en RMN ^{13}C d'un signal dans le domaine 100-110 ppm attribuable au carbone éthylénique conforte la formation d'une benzotriazole.

Ces résultats sont en accord avec le principe de Pearson, à savoir, les interactions entre entités de même caractère (mou –mou, dur –dur) sont préférées aux interactions croisées (mou- dur). Dans notre cas l'entité N=N$^+$-C$_6$H$_5$, à caractère mou (polarisable) réagit avec l'azote conjugué C$_4$-N donc mou, pour conduire aux benzotriazoles **51**.

Au cours de nos investigations bibliographiques sur les différentes méthodes de synthèse des structures benzotriazoles, nous avons constaté que ces derniers composés constituaient des précurseurs intéressants pour les structures présentant le motif indole. Cependant, cette réaction est très dépendante de la présence et la nature des substituants sur le groupe benzénique [12, 13].

Nous nous sommes donc intéressées à la faisabilité de ce genre de réarrangement thermique sur nos composés benzotriazoles. Nous avons appliqué les conditions décrites dans la littérature au dérivé **51f**. Placé au reflux du toluène pendant 72 h (3 jours), cette méthode a permis d'obtenir un nouveau composé **52** qui a été caractérisé par RMN 1 H et spectrométrie de masse.

L'examen de ces résultats a permis de déterminer la structure du composé obtenu. Le spectre de RMN ^{1}H met en évidence, les signaux caractéristiques des CH aromatique, le CH$_2$ en position 5 de l'hétérocycle lactonique, qui apparaît sous forme d'un doublet (J= 2 Hz). Par contre, l'absence du signal relatif au CH en position 3 de l'hétérocycle lactonique, atteste de l'engagement de ce dernier dans ce type de réaction. De même, la présence d'un nouveau signal d'intensité un proton sous forme d'un triplet (J= 2 Hz) met en évidence le couplage de ce dernier avec le CH$_2$.

Ce résultat est confirmé par l'examen du spectre de masse, pris en mode I.E. En effet, on note, en particulier, la présence du pic moléculaire à m/z=163 attestant de la perte d'une molécule d'azote N_2 mais aussi d'une molécule de CO_2 (décarboxylation).

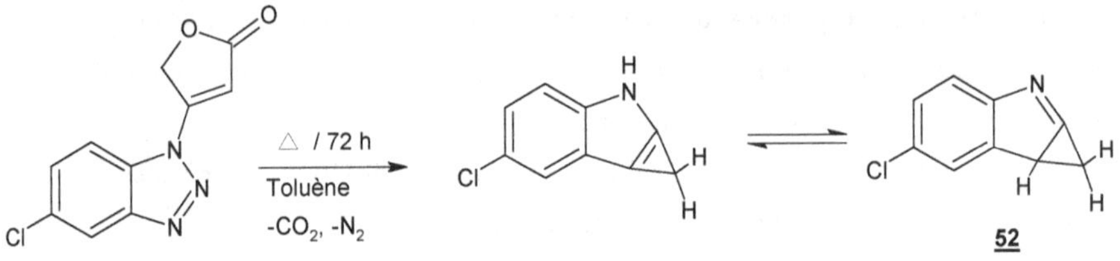

Pour des raisons de sécurité (laissé le reflux 3 jours sans interruption pendant la nuit) nous avons abandonné pour le moment cette réaction que nous pensons reprendre ultérieurement dans d'autres conditions (micro-ondes…).

III.3 CONCLUSION:

Au cours de ce chapitre, nous avons observé que l'action du nitrite de sodium $NaNO_2$ sur les énaminones **38** et **39** conduisait à chaque fois à un seul produit qui s'identifie au dérivé de structure benzotriazole **51** avec de bons rendements et dans des conditions simples utilisant des réactifs peu coûteux.

Nous avons montré que la réaction est régiospécifique; ce sont les deux fonctions amines (primaire et secondaire) qui réagissent pour conduire à la structure benzotriazole. La voie 2 conduisant à une benzotriazépine ne peut être retenue.

PARTIE EXPERIMENTALE

Les spectres de résonance magnétique nucléaire ont été enregistrés sur un AC. 250 de Bruker à 250 MHz (^{1} H) ou 63 MHz (^{13} C). Les spectres de masse ont été enregistrés sur un spectromètre de masse de Nermag R10-10c. Les points de fusion ont été déterminés sur un Büchi 512 appareillages de point de fusion et ne sont pas corrigés. Les analyses élémentaires ont été exécutées à l'ENSC à Toulouse, France. Tous les produits chimiques ont été obtenus à partir des produits organiques d'Aldrich ou d'Acros, et employés sans purification.

Procédé général pour obtenir les dérivés 51

0,138 g de nitrite de sodium $NaNO_2$ (2 mmol), dissout dans 10 mL d'eau est ajouté goutte à goutte à une solution de 2 mmol de **38** ou de **39** dans 6 mL de HCl (1 N) avec agitation en maintenant la température à 0 –5 °C (Bain de glace). Une heure après, on filtre le solide formé et on le lave par 3 fois 30 mL d'eau.

4-(1 H -1,2,3-benzotriazol-1-yl)-6-methyl-5,6-dihydro-2 H -2-pyranone 51a

(rendement 85%), recristallisation dans l'éthanol PF (°C) = 185-187 °C

RMN ^{1} H (DMSO, d ppm , δ): 1.62(d, 3H, J=6, CH3); 3.17 (dd, 1H, Jab=16.8Hz, Jac= 3.6 Hz,CH) ; 3.77 (dd, 1H, Jba=16.8 Hz, Jbc=12Hz , CH); 4.82 (m, 1H, CH); 6.34 (s, 1H, CH); 7.51- 8.17 (m, 4H, C6H4).

RMN ^{13} C (d ppm, δ): 19.67 (q, $\underline{C}$H3); 37.20 (t, $\underline{C}$H 2 en 5); 70.07 (d, $\underline{C}$H en 6); 107.29 ($\underline{C}$H en 3); 108.45 (C en 4); 111.88 ($\underline{C}$H arom); 121.23 ($\underline{C}$Harom); 125.96 ($\underline{C}$Harom); 130.03 ($\underline{C}$H arom); 147.25 (s, C en position 7a); 149.91 (s, C en 3a); 165.25 (s, CO).

S.M.(IE, 70ev) : M calculée = 229.23 ; M trouvée = 229.04

Analyse Centésimale: (C_{12} $H_{11}N_3$ O_2): calculée: C, 62.87; H, 4.84; N, 18.33,

trouvée: C, 62.80; H, 4.75; N, 18.31

6-methyl-4- (5-methyl-1 H -1,2,3-benzotriazol-1-yl)-5,6-dihydro-2 H -2-pyranone 51b

(rendement 75 %), recristallisation dans l'éthanol PF (°C) = 200-202 °C

RMN ^{1} H (DMSO, d ppm, δ): 1.64(d, 3H, J=6, CH3); 2.59 (s, 3H, CH3); 3.67 (dd, 1H, Jab=16.8Hz, Jac= 3.6 Hz,CH en 5); 3.71 (dd, 1H, Jba=16.8 Hz, Jbc=12Hz , CH en 5); 4.82 (m, 1H, CH en 6); 6.44 (s, 1H, CH en 3); 7.28-8.05 (m, 3H, C6H3) .

RMN [13] C (DMSO, ppm, δ) : 20.75 (q, $\underline{C}$H 3); 22.18 (q, $\underline{C}$H 3); 32.53 (t, $\underline{C}$H2); 73.47(d, $\underline{C}$H in 6); 103.55 (CH in 3); 109.25(C in 4); 111.17 (CH arom); 121.65 (CHarom); 126.17 ($\underline{C}$Harom) ; 130.03 (C arom) ; 146.22 (s, C in position 7a); 150.02 (s, C in position 3a); 166.05 (s, CO).

S.M.(IE, 70ev) : M calculée = 243.26, M ; Trouvée = 243.10

Analyse Centésimale: C_{13} $H_{13}N_3$ O_2: Calculée: C, 64.19; H, 5.39; N, 17.27.

Trouvée: C, 64.10; H, 5.13; N, 17.13.

4-(5-chloro-1 *H* -1,2,3-benzotriazol-1-yl)-6-methyl-5,6-dihydro-2 *H* -2-pyranone 51c
(rendement 60%), recristallisation dans l'éthanol PF (°C) = 206-208 °C

RMN [1] H (DMSO, dppm, δ): 1.65(d, 3H, J=6, CH3); 3.20 (dd, 1H, Jab=16.8Hz, Jac= 3.6 Hz,CH); 3.79 (dd, 1H, Jba=16.8 Hz, Jbc=12Hz , CH); 4.75 (m, 1H, CH); 6.36 (s, 1H, CH); 7.21- 8.20(m, 3H, C_6H_3arom).

RMN [13] C (d ppm, δ) : 20.55(q, $\underline{C}$H$_3$); 31.82(t, $\underline{C}$H$_2$); 74.23 (d, $\underline{C}$H en 6); 103.95 ($\underline{C}$H en 3); 110.02 (C en 4); 112.22 ($\underline{C}$Harom); 121.55 ($\underline{C}$Harom); 126.36 ($\underline{C}$Harom); 135.13 (C arom); 147.44 (s, C en position 7a); 150.15 (s, C en position 3a); 165.44 (s, CO).

S.M.(IE, 70ev) : M calculée = 263.68 ; M trouvée = 263.55

Analyse Centésimale: C_{12} $H_{10}ClN_3O_2$:Calculée: C, 54.66; H, 3.82; N, 15.94.

Trouvée: C, 54.44; H, 3.75; N, 16.02.

4-(1 *H* -1,2,3-benzotriazol-1-yl)-2,5-dihydro-2-furanone 51d
(rendement 90 %), recristallisation dana l'éthanol PF (°C) = 203-205°C

RMN [1] H (DMSO, d ppm, δ): 5.81 (s, 2H, CH2); 7.07 (s, 1H, CH); 7.68-8.40 (m, 4H, C6H4).

RMN [13] C (d ppm, δ): 68.50 (t, $\underline{C}$H2); 99.65 ($\underline{C}$H en 3); 109.88 (s, C en 4); 112.31 ($\underline{C}$H arom); 120.48 ($\underline{C}$Harom); 126.40 ($\underline{C}$Harom); 130.49 ($\underline{C}$Harom); 145.92 (s, C en position 7a); 150.10 (s, C en position 3a); 165.55 (s, CO).

S.M.(IE, 70ev) : M calculée =201.18, M trouvée = 201.02

Analyse Centésimale: C_{10} H_7N_3 O_2: Calculée: C, 59.70; H, 3.51; N, 20.89.

Trouvée: C, 59.55; H, 3.41; N, 20.68.

4-(5-methyl-1 *H* -1,2,3-benzotriazol-1-yl) - 2,5-dihydro-2-furanone 51e
(rendement 80 %), recristallisation dans l'éthanol PF (°C) = 207-209 °C

RMN [1] H (DMSO, d ppm, δ): 2.49 (s, 3H, CH3); 5.66 (s, 2H, CH2); 6.87 (s, 1H, CH); 7.57-8.16 (m, 3H, C6H3)

RMN [13] C(d ppm, δ) : 20.69 (q, $\underline{C}$H$_3$); 68.28 ($\underline{C}$H2); 99.16 ($\underline{C}$H en 3); 111.42 ($\underline{C}$Harom); 119.22

(CHarom); 127.99 (CHarom); 130.92; (CHarom); 146.30 (s, C); 155.80 (s, C); 165168.08 (s, CO).

S.M.(IE, 70ev) : M calculée = 215.21, M trouvée = 215.07

Analyse Centésimale: C_{11} H_9N_3 O_2:Calculée: C, 61.39; H, 4.22; N, 19.53.

Trouvée: C, 61.22; H, 4.05; N, 19.29.

4-(5-chloro-1 *H* -1,2,3-benzotriazol-1-yl)-2,5-dihydro-2-furanone 51f

(rendement 70 %), recristallisation dans l'éthanol PF (°C) = 209-211 °C

RMN ^{1} H (DMSO, d ppm, δ): 5.92 (s, 2H, CH2); 6.95 (s, 1H, CH); 7.55-8.27 (m, 3H, C6H3).

RMN ^{13} C (d ppm, δ) : 68.50 (t,CH2); 99.65 (CH); 109.55 (s, C in 4); 112.33 (CH arom); 120.48 (CHarom); 126.40 (CHarom); 135.49(Carom); 140.92 (s, C en position 7a); 156.10 (s, C en position 3a); 165.55 (s, CO).

S.M.(IE, 70ev) : M calculée = 235.62 ; M trouvée = 235.41

Analyse Centésimale: C_{10} H_6ClN_3 O_2: Calculée : C, 50.97; H, 2.57; N, 17.83.

Trouvée: C, 60.08; H, 2.46; N, 17.57.

Bibliographie

[1] M.Amari, M. Fodili, M., Kolli, B. Nedjar, Hoffmann, P., Périé, J. *J. Heterocyclic. Chem.*, **39**, 2002.

[2]-a) T. Kitazaki, N. Tamura, A. Tasaka, Y. Matsushita, R. Hayashi, K. Okonogi, K. Itoh., *Chem. Pharm.* (Tokyo)., **44**, 314, **1996**.

[3]- G. Tanaka., *Japon Kokai*, 7495, 973, **1974**. ; *Chem. Abst.*, **82**,156320 h, **1975**.

[4]- C. Heusach, B. Sachse, H. Buerstell, *Geroffen.*, **2**, 826, 760, **1980**.

Gri Pat. Appl. 1986, 199474,; *Chem. Abst.*1987, 106, 98120 u.

[5]- H. N. Dogan, S. Buyuktimkin, S. Rollas, E. Yemni, A. Cevikba., *Farmaco.*, **52**, 565, **1997**.

[6]- G. Van Reen, J. Heeres, *U.S Pat.*, 4160, 838, **1979**.

[7]- O. G.Todoulou, A. E. Papadaki-Valiraki, S. Ikeda, E. De Clercq., *Eur. J. Med. Chem.*, **29**, 611, **1994**.

[8]- M. I. Husain, M. Amir., *J. Chem. ind. Soc.*, **63**, 317, **1986**.

[9]-Gulerman, N.,; Rollas, S.; Kiraz, M.; Ekinci, A.C.; Vidin, A. *Farmaco.*, **52**, 691, **1997**.

[10]-E. Raymond, S. Raymond, G. D. Alan., *Royaume-Uni Pat. Appl. GIGA-OCTET 2*, 175, 301.; *Chem. Abst.*, 107, 134310n, **1987**.

[11]-J. L. Mokrosz, M. H. Paluchowska, E. Chojnacka-Wojcik, M. Filip, S. Charakchieva-Minol, A. Deren-Wesolek, M. J. Mokrosz., *J. Med. Chem.*, *37*, 2754, **1994**.

[12]-O. Bremer, *Ann.,* **514**, 279, **1934**.

[13]-K. Kopanska, Z. Najda, J.Zebrowska, L. Chomicz, J. Piekarczyk,P. Myjakd and M. Bretnera, *Bioorg. Med. Chem.,* **12**, 2617–2624, **2004**.

[14]-P. A. Wender., S. M. Tuami., C. Alayrac., U. C. Phillip., *J. Am. Chem. Soc.*, **118**, 6522-6523, **1996**.

[15]- M. Tomi, M. Kundakovi, B. Butorovi, B. Jana, D. Andri, G. Rogli, D. Ignjatovi, S. Kosti., *Bioorg. Med. Chem. Lett.,* **14**, 4263–4266, **2004**.

[16]- K. L. Yu, Y. Zhang, R. L. Civiello, A. K. Trehan, B. C. Pearce, Z. Yin, K. D. Combrink, H. B. Gulgeze, X. A. Wang, K. F. Kadow, C. W. Cianci, M. Krystal, N. A. Meanwell., *Bioorg. Med. Chem. Lett.,* **14**, 1133–1137, **2004**.

[17]-T. Rueckle, M. Biamonte, T. Grippi-Vallotton, S. Arkinstall, Y. Cambet, M. Camps, C. Chabert, D. Church, S. Halazy, X. Jiang, I. Martinou, A. Nichols, W. Sauer, J. Gotteland,. *J. Med. Chem.*, **47**(27), 6921-6934, **2004**.

[18]-A. Sparatore, F. Sparatore,. *11 Farmaco.,* **53**, 102-1 12, **1998**.

[19]-S. Paolo, C. Antonio, N. Mohammad E. Rahbar,. *Eur. J. Med. Chem.,* **35**, 535−543, **2000**.

[20]-D. Jagattaran, R. C. V. Laxman, T. V. R. S. Sastry, M. Roshaiah, P. G. Sankar, A. Khadeer, M. S. Kumar, A. Mallik, N. Selvakumar, I. Javed, T. Sanjay,. *Bioorg. Med. Chem. Lett.,* 15, 337–343, 2005.

[21]-S. Graeme, J. S. Philip, C. C. Martin, J. W. Peter, R. S. Carleton, Y. T. Susan, C. Ruoping, G. R. Jeremy, T. C. Daniel,. *J. Med. Chem.*, 49, 1227-1230, 2006.

[22]-P. Borowski, J. Deinert, S. Schalinski, M. Bretner, K. Ginalski, T. Kulikowski, D.Shugar., *Eur. J. Biochem.*, 270,1645–1653, 2003.

[23]-K. M. Dawood, H. Abdel-Gawad, E. A. Rageb, M. Ellithey, H. A. Mohamed,. *Bioorg. Med. Chem.*., 14(11):3672-80, 2006.

[24]-T. Rueckle, M. Biamonte, T. Grippi-Vallotton, S. Arkinstall, Y. Cambet, M. Camps, C. Chabert, D. J. Church, S. Halazy, X. Jiang, I. Martinou, A. Nichols, W. Sauer, J. P. Gotteland,. *J. Med. Chem.*, 47(27), 6921-6934, 2004.

[25]-I. P. Beletskaya., D. V. Davydov., M. Moreno., *Tetrahedron Lett.*, 39, 5617- 5620, 1998.

[26]-T. Kitamura., N. Tasshi., K. Tsuda., Y. Fujiwara., *Tetrahedron Lett.*, 39, 3787- 3790, 1998.

[27]-V. Rys, A. Couture, E. Deniau, S. Lebrun, P. Grandclaudon.,*Tetrahedron.*, 61, 665–671, 2005.

[28]-H. Mastalarz, R. Jasztold-Howorko, F. Rulko, A. Croisy, D. Carrez. *Archiv Pharmazie (Weinheim, Germany).*, 337(8), 434-439, 2004.

[29]-R. Lygaitis, A. Matoliukstyte, J. V. Grazulevicius, V. Mickevicius, V. Gaidelis, *Chemija.*, 15(2), 44-48, 2004.

[30]-T. Erker, M. E. Galanski, M. Galanski, *J. Heerocyct. Chem.*, 39(5), 857-861, 2002.

[31]-M. S. Mohamed, W. A . Zaghary, T. S. Hafez, N. M. Ibrahim, M. M. Abo El-Alamin, M. R. H. Mahran, *Bull. Fac. Pharm* (Cairo University)., 40(1), 175-184, 2002.

[32]-V. Alagarsamy, *Pharmazie.*, 59, (10), 753-755, 2004.

[33]-A. R. Katritzky, R. Abonia, B. Yang, M. Qi, B. Insuasty., *Synthesis.*, 10, 1487-1490, 1998.

[34]-R. Silvestri, M. Artico, G. De Martino, E. Novellino, G. Greco, A. Lavecchia, S. Massa, A. G. Loi, S. Doratiotto, P. La Colla,. *Bioorg. Med. Chem.*, 8(9), 2305-2309, 2000.

[35]-C. Graebe, F. Ullmann, *Ann.,* 291, 16, 1896.

[36]-F. Ullmann, *ibid.,* 332, 82, 1904.

[37]-N. Campbell, B. Barclay, *Chem. Rev.,* 40, 360,1947.

[38]-Oliver Geis, Doktorarbeit (These de doctorat), Institut für Organische Chemie.*Université der Technische Berlin.* 20. Decembre 2000.

[39]-E. V. Tarasov, N. N. Volkova, Y. Y. Morzherin, V. A. Bakulev., *Rus. J of Org.*

Chem

(Translation of Zhurnal Organicheskoi Khimii)., **40**(6), 870-873, **2004.**

[40]-M. G. Ferlin, I. Castagliuolo, G. Chiarelotto., *J. Heterocyclic. Chem.*, **39**(4), 631- 638, **2002.**

[41]-M. J. Plater, I. Greig, M. H. Helfrich, S.H. Ralston, *J. Chem. Soc., Perkin Transactions 1.*, (**20**), 2553-2559, **2001.**

[42]-G. Biagi, V. Calderone, I. Giorgi, O. Livi, V. Scartoni, B. Baragatti, E. Martinotti., *Farmaco.*, **56**(11), 841-849, **2001.**

[43]-M. E. P. Lormann, C. H. Walker, M. Es-Sayed, S. Braese,. *Chem. Com., (Cambridge, United Kingdom).*, (**12**), 1296-1297, **2002.**

CHAPITRE IV : SYNTHESE DE NOUVELLES STRUCTURES 1,5-BENZODIAZEPINES

INTRODUCTION

En 1952, la seule molécule anxiolytique était le méprobamate (Equanil), mais elle comportait des symptômes de sevrage très sévères tout en présentant un risque très élevé de morbidité et de mortalité lors d'intoxications. Ce risque imposait la découverte de molécules capables d'assurer la substitution [1]. C'est ainsi que les benzodiazépines ont rapidement supplanté les barbituriques dans le traitement de l'agitation et de l'anxiété, parce qu'elles étaient plus efficaces et bien plus sûres que les drogues anciennes qui avaient été prescrites dans ces buts. La première benzodiazépine fut le Librium (1961) relayée en 1964 par le diazépam (Valium), qui reste la référence. Ainsi l'arrivée des benzodiazépines marqua un tournant dans la prise en charge des états anxieux et des troubles phobiques. Depuis, de nombreuses autres molécules ont été fabriquées.

Bien que les benzodiazépines constituent un groupe chimique très homogène avec des propriétés pharmacologiques très voisines (sédatives, hypnotiques, anxiolytiques, amnésiantes, myorelaxantes, antiépileptiques, analgésiques et anti-inflammatoires) [2-11], il existe cependant entre les diverses benzodiazepines des différences:

Pharmacodynamiques : certaines molécules ont un effet dominant, par exemple un effet anticonvulsivant relativement plus important que les autres effets, sans que l'on en connaisse précisément l'explication.

Pharmacocinétiques : la rapidité et la durée d'action expliquent beaucoup de différences entre ces molécules et leurs indications préférentielles.

Diazépam   Clozapine   Olanzapine   quazépam   Méprobamate

En se fixant sur un récepteur spécifique, les benzodiazépines facilitent l'action d'un neurotransmetteur, le GABA (acide gamma amino butyrique), sur son récepteur dans le cerveau. Le GABA diminue l'excitabilité du système nerveux central. Cette réduction va avoir plusieurs conséquences illustrées par les nombreuses utilisations des benzodiazépines [12].

Après plus de 40 années de services les benzodiazepines ne sont pas sur le point de laisser l'étape. Aujourd'hui plus d'une douzaine de benzodiazepines sont disponibles par prescription (diazépam, clozapine, olanzapine, quazépam…). Ils ont une structure chimique de base commune, un cycle benzène condensé à un hétérocycle à sept membres avec deux hétéroatomes (azote) en position 1, 5 ou 1, 4 et se différencient par la présence de substituants différents.

Les remarquables propriétés biologiques de ces structures, en tant que substances psychotropes font de ces molécules l'objet de recherche d'actualité dans différentes applications.

De nombreux travaux ont montrés que les modifications effectuées sur le squelette de ces structures par l'introduction de nouveaux groupements entraînent de grands changements dans leurs spectres d'activité. Pour ne citer que quelques exemples, indiquons :

- Une étude[13] sur la synthèse et l'activité de trois structures de type [1,5]benzodiazepines **53**, **54** et **55** a permis d'établir leur activité anticonvulsivante. Neuf des 15 triazolobenzodiazepines examinés ont exercé un effet anticonvulsivant avec une faible toxicité, en particulier, les dérivés **55** ($R = Cl$, $R_1 = H$, Me, $R = Cl$, R1 = Me), **54** ($R = R1 = H$, $R = Cl$, R1 = H, Me, Ph).

-Plus récemment, les mêmes auteurs [14] ont décrit la préparation et les propriétés pharmacologiques de quelques structures de type 1,5- benzodiazepines. Ces nouvelles structures sont complètement exemptes d'activité anticonvulsivante, tandis que certains d'entre eux ont montré une activité analgésique significative et/ou des propriétés anti-inflammatoires, selon la structure. Les résultats pharmacologiques pour les composés ci-dessus sont rapportés dans le tableau suivant.

56　　　　**57**　　　　**58**　　　　**59**

composés	R1	R2	R3	Ac Anelgésique	Ac Anti Infm	Ac Anti Pyrétique
56	H	$N(C_4H_9)_2$	/	+	-	-
57	CH_3	$N(C_4H_9)_2$	/	+	-	-
	C_6H_5	$N(CH_3)_2$	/	-	+	-
58	H	$N(C_2H_5)_2$		-	+	-
59	H	$N(C_4H_9)_2$	/	-	+	-
	H		/	-	-	+
	CH_3	$N(C_4H_9)_2$	/	-	-	+

-L'évaluation de l'activité neuroleptique des dérivés de la structure benzodiazépine **60** suivante, a été citée en littérature [15]. Cette   étude a montré que la plupart de ces dérivés sont des agents neuroleptiques efficaces, avec plusieurs qui ont montré une activité antidépressive en particulier les dérivés avec R = 4-methylpiperazinyl, 4-(2-hydroxethyl) piperazinyl, R_1= H, Cl, Me ; R_2= H, Me, Cl.

60

-Une étude menée sur des analogues de la Nevirapine, a montré que ces dérivés, présentent une bonne activité anti-HIV [16].

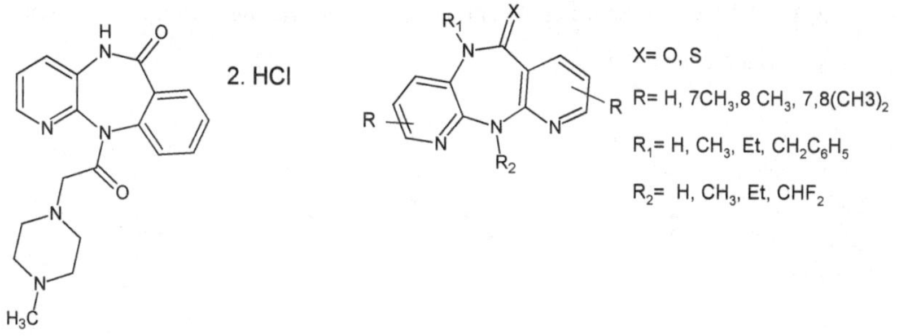

X= O, S

R= H, 7CH$_3$,8 CH$_3$, 7,8(CH3)$_2$

R$_1$= H, CH$_3$, Et, CH$_2$C$_6$H$_5$

R$_2$= H, CH$_3$, Et, CHF$_2$

-Notre laboratoire a contribué à la synthèse de composés de structure pyrano1,5-benzodiazepine[17-19].

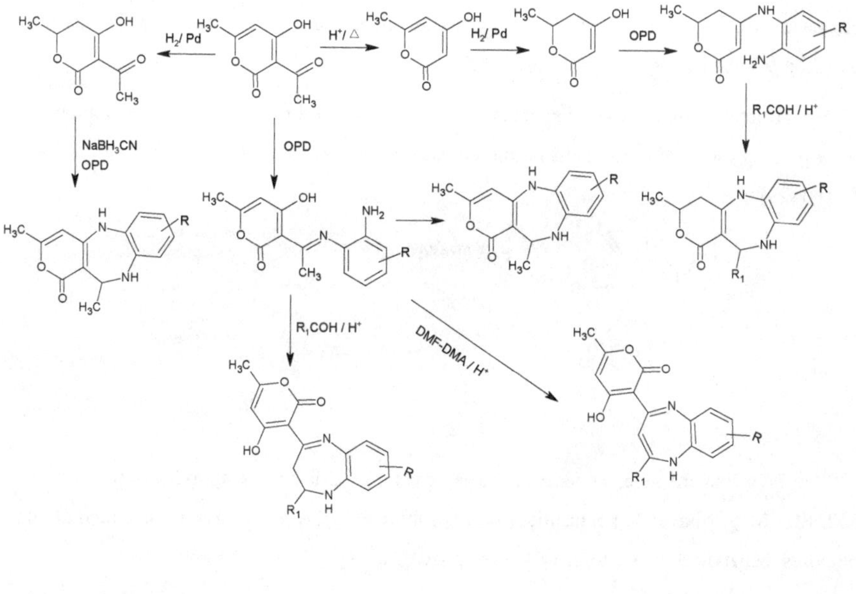

Nous rapportons dans ce chapitre l'extension de ces synthèses en employant d'autres réactifs permettant l'accès à d'autres structures pyranobenzodiazépines qui se distinguent par de nouvelles fonctions chimiques.

Il a été montré que les structures de type pyrazolo [4,3-c][1,5]-benzodiazépines et des pyrazolo[4,3-]triazolo[4,3-a][1,5]benzodiazépines présentent une activité anti-tumorale et anti-HIV[20-22]. Ces dernières structures sont obtenues généralement à partir de structure benzodiazépin-thione ou à partir d'une benzodiazépine présentant un système amidine. Partant de cette approche nous avons recherché une stratégie de synthèse, nous permettant d'obtenir les structures précitées. Nous avons, pour cela, mis à profit la réactivité du système énaminone, largement étudié dans notre laboratoire.

La voie de synthèse la plus répandue pour générer les structures benzodiazépin-thione, repose sur la thionation des structures benzodiazépin-one. Ces dernières structures sont obtenues généralement par condensation des composés α, γ carboxylés ou les carboxyles γ halogénées sur les diaminobenzène. Les agents de thionation les plus usités sont: le réactif de Lawesson et le pentasulfure de phosfore (P$_2$S$_5$).

La structure tetrahydro-1,5-benzodiazepin-2-ones **61** a été transformée en son homologue thione **62** en présence du P$_2$S$_5$ dans un milieu basique (R = H, Me; R$_1$ = H, Me; R$_2$ = H, Me, PhCH$_2$) [23].

De la même manière, la réaction de la structure 1,5-benzodiazepin-2-one **63** (R1= H, NO2. R2= Me, Ph) avec le pentasulfure de Phosphore en présence de la pyridine, conduit aux composés benzodiazepine-2-thione **64** correspondants [24].

Cette méthode a été mise en oeuvre, par une autre équipe [25] pour convertir la structure 1,5-benzodiazepine-2-one en benzodiazepine-2-thione **65**.

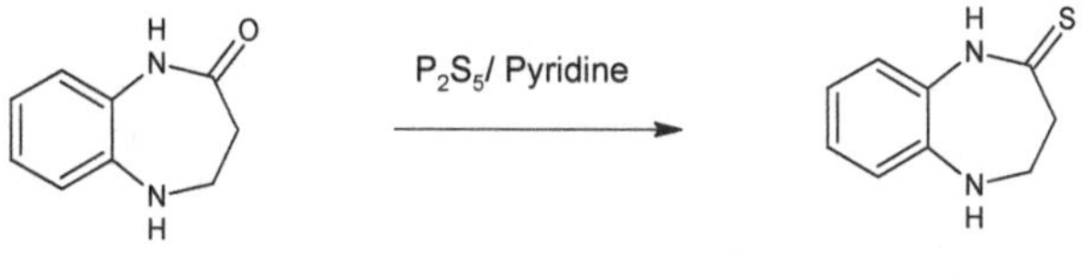

65

Le deuxième procédé rapporté dans la littérature, pour convertir la structure dione en thione utilise le réactif de Lawesson.

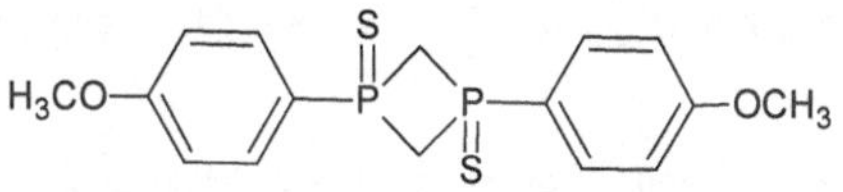

Réactif de Lawesson

Certains auteurs [26], décrivent la conversion d'une série de benzodiazépin-diones (R$_1$ = H, OH, OCH$_2$Ph, R$_2$ =H, OMe) en benzodiazépin-dithione par action du réactif de Lawesson au reflux du toluène.

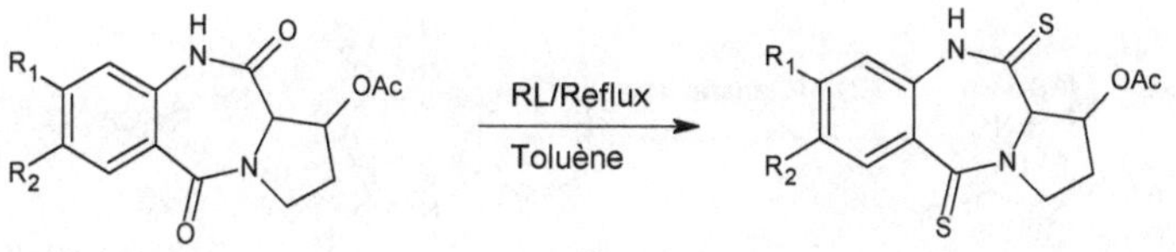

Selon le même principe, l'utilisation du réactif de Lawesson a été mentionnée [27], pour cette réaction

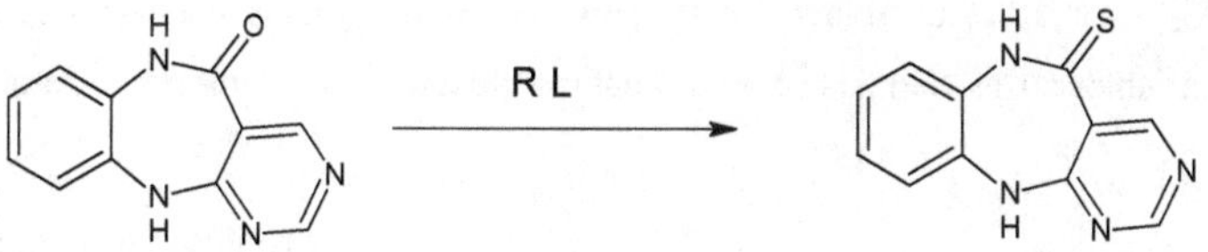

-Par ailleurs, Il a été cité dans la littérature que, la condensation de deux équivalents de réactif de Lawesson sur la structure benzodiazépin-dione **66** conduit après 20 heures de reflux du toluène, au macrocycle soufré **67** [28].

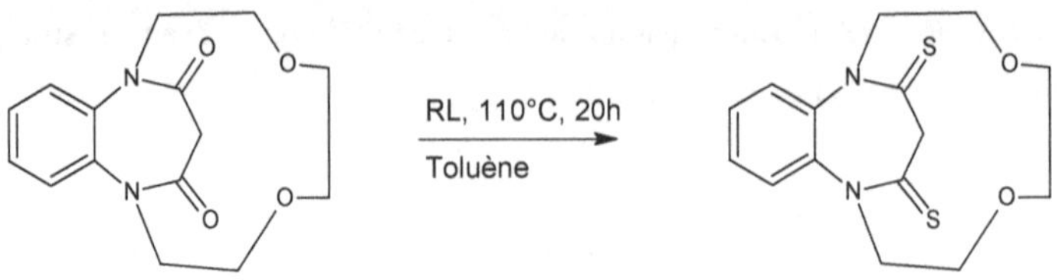

$$\underset{\underline{66}}{} \xrightarrow[\text{Toluène}]{\text{RL, 110°C, 20h}} \underset{\underline{67}}{}$$

-Nous avons relevé dans la littérature deux autres méthodes généralement employées pour générer le système benzodiazépine thione :

-L'action de CS_2 sur des diaminobenzène N-substitués.

-Condensation de l'orthophénylène diamine sur les composés α, γ thiocarboxyles ou γ thiocarboxyles halogénés.

Nous indiquons ci-dessous les exemples récents, les plus représentatifs, illustrant ces synthèses

La structure pyrazolo [1,5] benzodiazépine-4-thione **68** est générée de façon selective par l'action du sulfure de carbone (SC_2) en présence de la pyridine sur les dérivés 3-[N-2-(aminophényl)-N-méthylamino]-5-phénylpyrazole et son homologue N-éthylé [29].

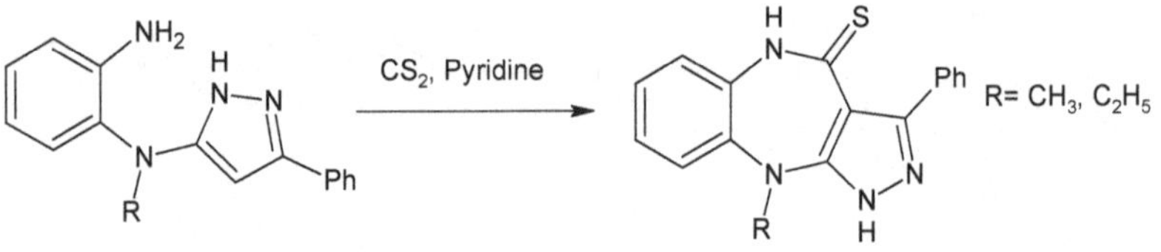

La condensation de la structure N-[éthylidène] naphthalène-2,3-diamine avec le sulfure de carbone (CS_2) au reflux du toluène et en présence de la pyridine conduit à la structure benzodiazépin-thione. Ces derniers composés ont montré une activité anti-inflammatoire [30].

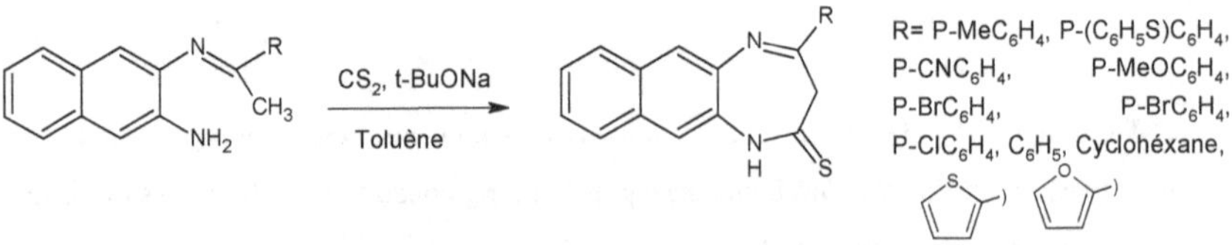

L'orthophénylènediamine avec le diéthyl (2E, 2'E)-2,2'-(1,3-dithietane-2,4-diylidene)bis(cyanoacetate) au reflux de l'éthanol, CHCl₃, ou MeCN pendant 10 min, conduit à la structure (alkoxycarbonyl) aminothioxodihydrobenzodiazepines avec un bon rendement (72-89%) [31].

EtOOC, CN ... EtOH, Reflux, 10mn, R= H, NO₂ ... NC, COOEt

L'emploi d'un autre dérivé analogue a été mentionné [32]. Cette méthode a permis l'obtention de la benzodiazépin-thione avec des rendements autour de 71%, par condensation de ce réactif avec l'orthophenylènediamine substitué au reflux du CHCl₃.

YOC, CN ... CHCl₃, Reflux, 1h, R= H, CH₃, Halo, NO₂ ... NC, COY

La condensation au reflux du xylène du réactif 3,3-dimercapto-1-phenyl-2-propen-1-one avec la structure N-alkyl-o-phenylenediamines, conduit à la formation de deux dérivés de structure 1,5-benzodiazépin-2-thione [33].

Ph ... HS SH ... Xylène, Reflux, R=CH₃, CH₂Ph

IV.1.SYNTHESE DES STRUCTURES 1,5-BENZODIAZEPIN- 2-THIONE

Dans un premier temps nous avons repris les conditions décrites dans la littérature [29], pour introduire la fonction C=S. Cette méthode consiste à dissoudre le produit de départ dans le minimum de pyridine puis on ajoute le CS₂ (en excès). La solution est laissée sous agitation à température ambiante pendant 24 h. Cette méthode ne nous a pas permis l'obtention

93

de la benzodiazépin-2-thione, vu que notre produit de départ n'était pas soluble dans la pyridine ni dans les bases usuelles. Pour contourner cette difficulté, nous avons commencé par dissoudre notre produit de départ dans le minimum de DMSO avant d'ajouter la pyridine et le CS_2. Dans ce cas, nous avons isolé à chaque fois la benzodiazépin-2-thione avec des rendements de 60 à 68 % (Tableau IV.1).

38 et **39**   **Schéma IV.1**   **69**

Tous les dérivés **69** ont été soumis à une étude spectroscopique détaillée. Dans le tableau suivant (Tableau IV.1), nous résumons les données physiques de ces composés.

*Tableau IV.1 : Caractéristiques physiques des composés **69***

Composés **69**	R	n	Rdt (%)	PF (°C)
69a	H	1	60	220-222
69b	CH_3	1	56	225-227
69c	Cl	1	50	229-231
69d	H	0	60	218-220
69e	CH3	0	65	222-224
69f	Cl	0	68	228-230

IV.1.1. Analyse spectroscopique:

IV.1.1.1. RMN ^{1}H

L'examen du spectre de RMN ^{1}H dans $CDCl_3$ à 200MHZ du composé **69a** indique par rapport à celui du produit de départ :

- La disparition du signal attribuable au proton en position 3 de l'hétérocycle lactonique (l'acide tétronique ou la dihydropyrone).
- L'apparition d'un singulet d'intensité 1H aux environs de 11 ppm attribuable au NH.

Le spectre RMN ^{1}H confirme la non-équivalence des deux atomes d'hydrogène du CH_2 de l'hétérocycle dihydropyrone dans les dérivés **69a**, **69b** et **69c** avec des déplacements chimiques, bien distincts, de 2.10 ppm et 2.70 ppm pour le dérivé **69a** et des constantes de couplage J_{ab} =

94

16.8 Hz, J_{ac} = 12 Hz et J_{bc}= 3.6 Hz.

Nous donnons à titre d'exemple dans le schéma suivant (schéma IV.2) les différents déplacements chimiques du dérivé **69a**.

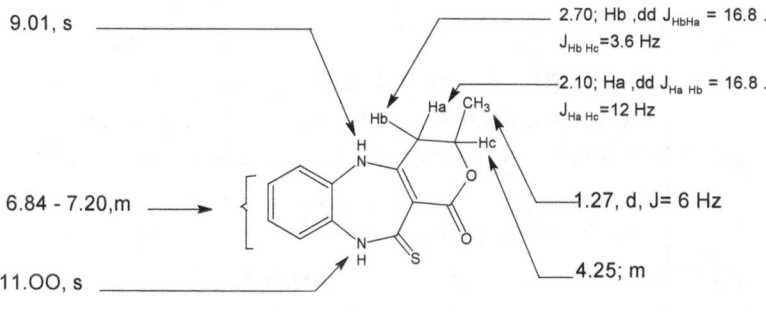

9.01, s

2.70; Hb ,dd J_{HbHa} = 16.8 . $J_{Hb\,Hc}$=3.6 Hz

2.10; Ha ,dd $J_{Ha\,Hb}$ = 16.8 . $J_{Ha\,Hc}$=12 Hz

6.84 - 7.20,m

1.27, d, J= 6 Hz

11.OO, s

4.25; m

Schéma IV.2

Les données des spectres des autres dérivés confirment dans leur ensemble la structure du composé **69** proposé. Les données de l'analyse RMN ^{1}H des dérivés **69** sont mentionnées dans le tableau suivant

95

Tableau IV.2 : Données de RMN ^1H δ (ppm) (DMSO/TMS) des dérivés 69.

Comp 69	RMN ^{1}H: δ *(ppm)* (DMSO d6/TMS)
69a	1.27 (d, 3H, J=6, CH3); 2.10 (dd, 1Ha, J_{HaHb}=16.8; J_{HaHc}=12, CH₂); 2.70 (dd, Hb, J_{HbHa}=16.8; J_{hbHc}=3.6, CH₂); 4.25 (m, 1H, CH); 6.84-7.20 (m, 4H, C6H4); 9.01 (s, 1H, NH); 11.00 (s, 1H, NH).
69b	1.27 (d, 3H, J=6, CH3); 2.17 (s, 3H, CH3); 2.39 (dd, 1Ha, J_{HaHb}=16.8; J_{HaHc}=12, CH₂); ; 2.69 (dd, 1Hb, J_{HbHa}=16.8; J_{HbHc}=3.6, CH₂); 4.23 (m, 1H, CH); 6.66-6.88 (m, 3H, C6H3); 8.98 (s, 1H, NH); 10.87 (s, 1H, NH).
69c	1.29 (d, 3H, J=6, CH3); 2.42 (dd, 1Ha, J_{HaHb}=16.8; J_{HaHc}=12, CH₂); 2.75 (dd, 1Hb, J_{HbHa}=16.8; J_{HbHc}=3.6, CH₂); 4.25 (m, 1H, CH); 6.85-7.40 (m, 3H, C6H3); 9.02(s, 1H, NH); 11.00 (s, 1H, NH).
69d	5.77 (s, 2H, CH2); 7.68-8.40 (m, 4H, C6H4); 8.77(s, 1H, NH); 11.55 (s, 1H, NH).
69e	2.51 (s, 3H, CH3); 5.76 (s, 2H, CH2); 7.68-8.40 (m, 3H, C6H3); 8.77(s, 1H, NH); 11.55 (s, 1H, NH).
69f	5.82 (s, 2H, CH2); 7.80-8.50 (m, 3H, C6H3); 8.85 (s, 1H, NH); 11.76 (s, 1H, NH).

IV.1.1.2.RMN ^{13}C

Les spectres sont réalisés en J modulé. Les résultats sont en conformité avec les structures proposées et données dans la partie expérimentale.

Afin de faciliter les attributions des différents déplacements chimiques nous représentons le composé 69 suivant :

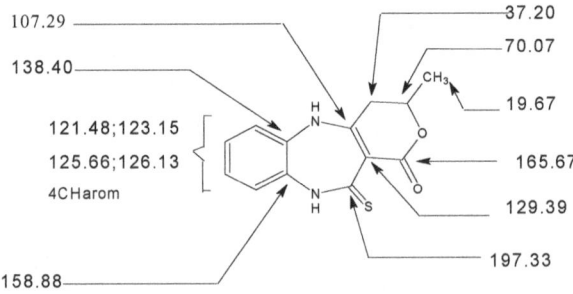

Schéma IV.3

96

On relève particulièrement l'apparition des pics aux environs de 197 ppm compatibles avec le groupement thiocarbonyle C=S et la disparition du signal relatif au $\underline{C}$H en position 3 de l'hétérocycle lactonique qui apparait dans les dérivés de départ aux environs de 107 ppm, ce qui prouve son engagement dans la réaction d'hétérocyclisation.

IV.1.1.3. Spectrométrie de masse

Dans le cas de tous les dérivés on observe le pic de l'ion moléculaire correspondant à la formule globale attendue.

Bien que le profil d'intensité des ions varie d'un dérivé à un autre, les modes de fragmentation observés sur les différents spectres sont pratiquement les mêmes.

Les pics de masse 117 et 116 correspondent respectivement à l'ion stable du benzimidazole provenant de la contraction du cycle benzodiazépine et à l'ion stable de l'indole. Ces ions sont systématiquement observés sur les spectres des benzodiazépines.

On remarque que la fragmentation des ions moléculaires se fait selon deux voies principales (Schémas IV.4a et IV.4b). Nous représentant à titre indicatif les différentes voies de fragmentation des dérivés **69a-f** :

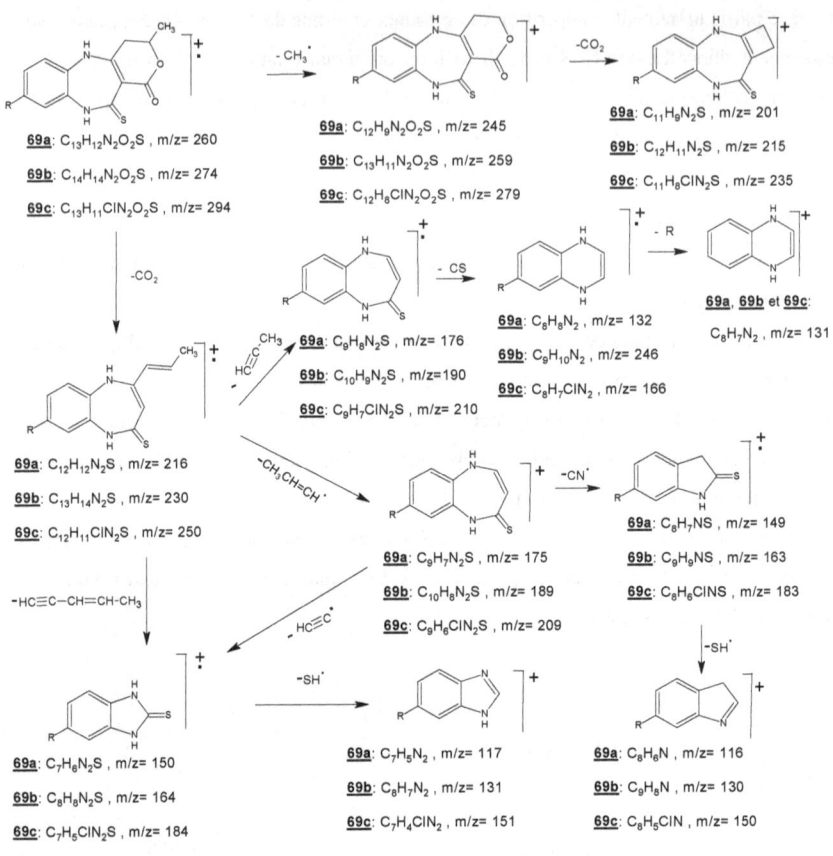

69a: C$_{13}$H$_{12}$N$_2$O$_2$S , m/z= 260

69b: C$_{14}$H$_{14}$N$_2$O$_2$S , m/z= 274

69c: C$_{13}$H$_{11}$ClN$_2$O$_2$S , m/z= 294

- CH$_3$ ·

69a: C$_{12}$H$_9$N$_2$O$_2$S , m/z= 245

69b: C$_{13}$H$_{11}$N$_2$O$_2$S , m/z= 259

69c: C$_{12}$H$_8$ClN$_2$O$_2$S , m/z= 279

-CO$_2$

69a: C$_{11}$H$_9$N$_2$S , m/z= 201

69b: C$_{12}$H$_{11}$N$_2$S , m/z= 215

69c: C$_{11}$H$_8$ClN$_2$S , m/z= 235

-CO$_2$

69a: C$_{12}$H$_{12}$N$_2$S , m/z= 216

69b: C$_{13}$H$_{14}$N$_2$S , m/z= 230

69c: C$_{12}$H$_{11}$ClN$_2$S , m/z= 250

- CS

69a: C$_9$H$_8$N$_2$S , m/z= 176

69b: C$_{10}$H$_9$N$_2$S , m/z=190

69c: C$_9$H$_7$ClN$_2$S , m/z= 210

69a: C$_8$H$_8$N$_2$, m/z= 132

69b: C$_9$H$_{10}$N$_2$, m/z= 246

69c: C$_8$H$_7$ClN$_2$, m/z= 166

- R

69a, **69b** et **69c**:

C$_8$H$_7$N$_2$, m/z= 131

-HC≡C–CH=CH–CH$_3$

69a: C$_9$H$_7$N$_2$S , m/z= 175

69b: C$_{10}$H$_8$N$_2$S , m/z= 189

69c: C$_9$H$_6$ClN$_2$S , m/z= 209

-CN·

69a: C$_8$H$_7$NS , m/z= 149

69b: C$_9$H$_9$NS , m/z= 163

69c: C$_8$H$_6$ClNS , m/z= 183

-SH·

69a: C$_7$H$_6$N$_2$S , m/z= 150

69b: C$_8$H$_8$N$_2$S , m/z= 164

69c: C$_7$H$_5$ClN$_2$S , m/z= 184

-SH·

69a: C$_7$H$_5$N$_2$, m/z= 117

69b: C$_8$H$_7$N$_2$, m/z= 131

69c: C$_7$H$_4$ClN$_2$, m/z= 151

-SH·

69a: C$_8$H$_6$N , m/z= 116

69b: C$_9$H$_8$N , m/z= 130

69c: C$_8$H$_5$ClN , m/z= 150

Schéma IV.4a

98

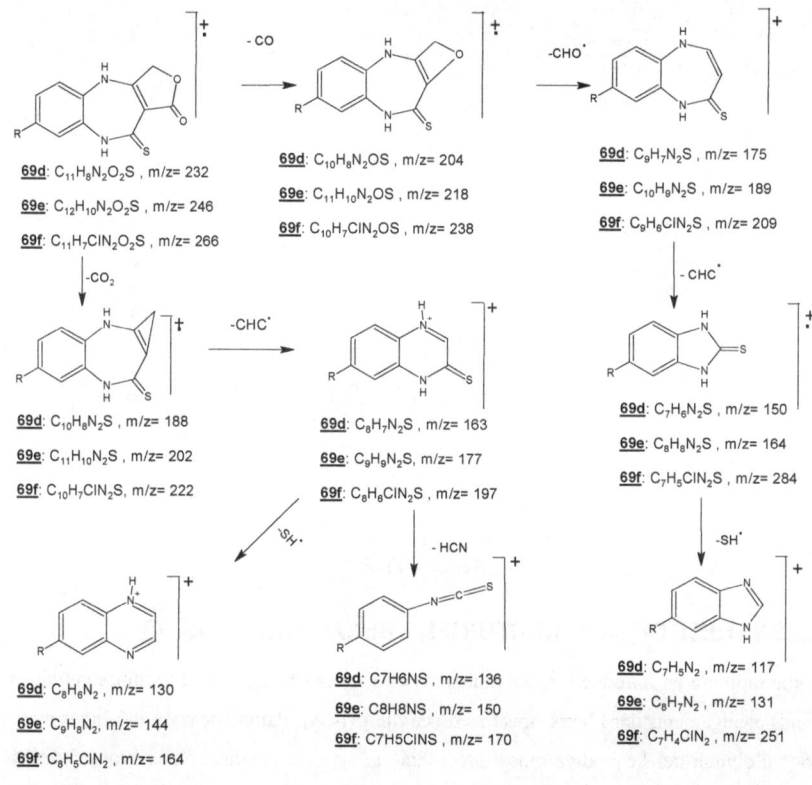

Schéma IV.4b

IV.1.2. Discussion sur le mécanisme de la réaction

En présence du CS_2, l'amine primaire (NH_2) réagit avec le thiocarbonyle pour conduire à l'intermidiaire **A**. ce dernier possède deux sites nucléophiles, le carbone en position 3 de l'hétérocycle lactonique et l'amine secondaire N_5H. Dans ce cas, deux structures sont susceptibles de se former : une benzodiazépine-thione(voie 1) qui engage le CH et une benzimidazole-thione (voie 2) qui engage le N_5H ou un mélange des deux structures. Mais comme nous l'avons montré, les résultats que nous avons obtenus indiquent clairement que la réaction est régiospécifique et ne conduit qu'aux dérivés benzodiazépin-2-thione.

Sur la base des données spectroscopiques, nous proposons le mécanisme suivant qui explique la formation de la structure proposé :

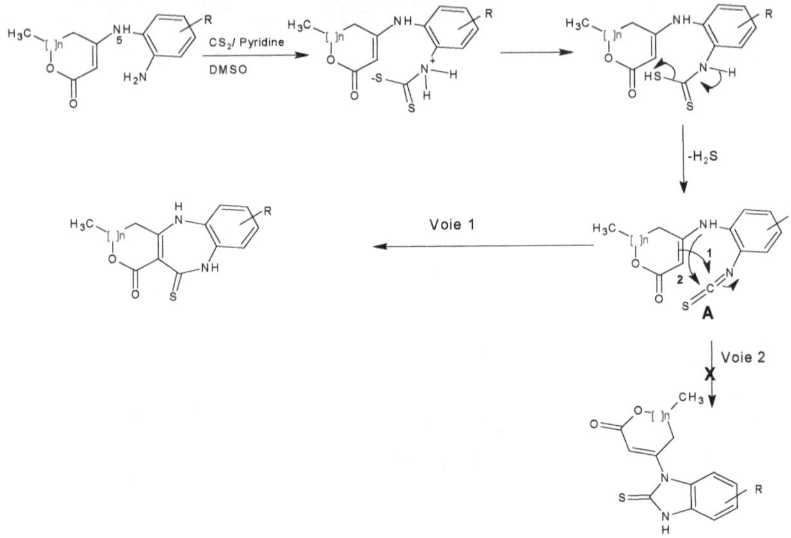

Schéma IV.5

IV. 2. SYNTHESE DE LA STRUCTURE 1,5-BENZODIAZEPINE 73 :

Comme rapporté en introduction, les mutations effectuées sur les benzodiazépines entraînent de grands changements dans leurs spectres d'activité [31-37]. Partant de cette idée nous avons envisagé d'obtenir des benzodiazépines présentant un système amidine. Nous avons choisi de conduire nos réactions avec les énaminones en présence de BrCN. Ce dernier réactif, n'a jamais servi, à notre connaissance, dans la synthèse des benzodiazépines.

Par contre, il a constitué un outil particulièrement puissant dans la synthèse hétérocyclique permettant l'accès à des systèmes imidines très recherchés en chimie organique pour leur réactivité.

Le procédé consiste à condenser le BrCN sur des dérivés benzéniques avec deux groupements nucléophiles NH_2, NH_2 et OH ou NH_2 et SH en positions 1 et 2 pour aboutir, avec de bons rendements, au produit de l'hétérocyclisation 70 [38].

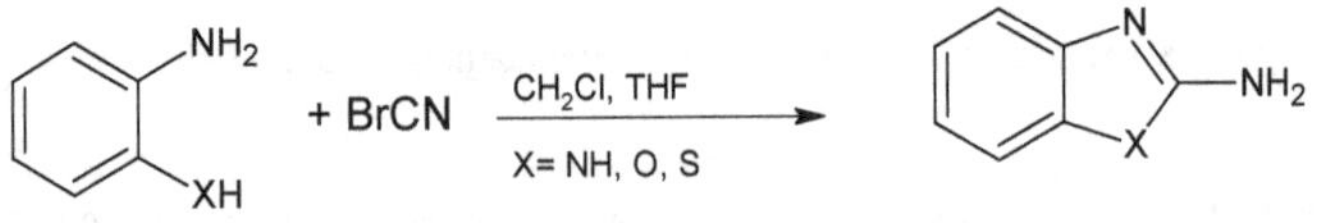

70

La mise en jeu de deux atomes de soufre a été mentionnée [39] dans la cyclisation du dérivé 1,2-bis(isopropylthio)benzène **71** en présence de BrCN, qui conduit au composé de structure 1,3-benzodithiol-2-imine **72**.

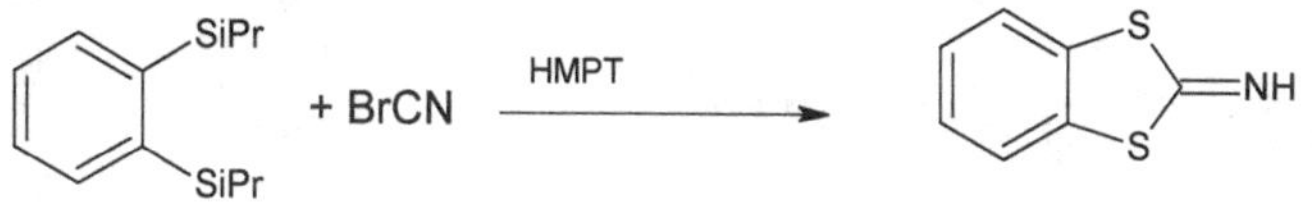

Les 1,5-benzodiazépines présentant la fonction amidine sont généralement obtenues par action de l'o-phenylènediamine sur un substrat portant le groupe cyano [40-42] comme indiqué sur le schéma suivant :

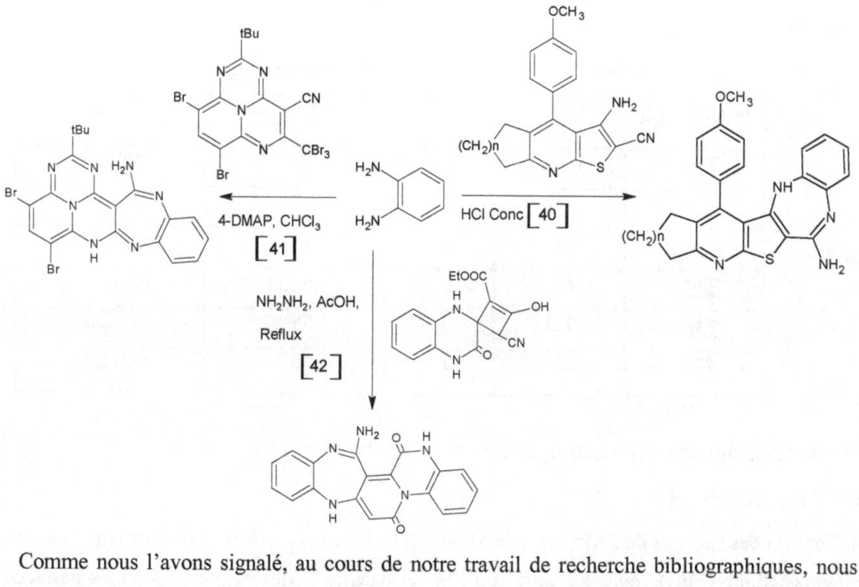

Comme nous l'avons signalé, au cours de notre travail de recherche bibliographiques, nous n'avons pas rencontré d'exemples de réaction d'hétérocyclisation par BrCN, mettant en jeu un atome de carbone à caractère nucléophile.

Les énaminones **38** et **39** qui se caractérisent par la nucléophilie appréciable du carbone C_3 en β de l'azote, nous ont inspiré, en présence de BrCN, des réactions d'hétérocyclisations en 1,5-benzodiazépine.

IV.2.1.Obtention des structures 1,5-benzodiazepine:

Nous avons réalisé la synthèse de la structure benzodiazépine souhaitée en faisant réagir les énaminones **38** et **39** en présence d'un excès de cyanure de brome dans l'éthanol. La solution est laissée au reflux environs 2 h, nous avons isolé par filtration le produit attendu avec un rendement allant de 35 à 65 %.

38 : n= 1   **Schéma IV.6**   **73**

39 : n= 0

Nous résumons les données physiques des composés **73**.dans le tableau suivant (Tableau IV.3)

*Tableau IV.3 : Caractéristiques physiques des composés **73** :*

Composés **73.**	R	n	Rdt (%)	PF (°C)
73a	H	1	40	215-217
73b	CH$_3$	1	42	220-222
73c	Cl	1	35	235-237
73d	H	0	65	265-267
73e	CH3	0	55	280-282
73f	Cl	0	50	293-295

Caractérisation spectroscopique des dérivés de type **73** :

III.2.1.1. RMN ^{1}H

L'examen des spectres de RMN ^{1}H à 200 MHZ dans CDCl$_3$ en présence d'une goutte d'acide trifluoroacétique (TFA) pour le composé **73a** et dans le DMSOd$_6$ pour les autres dérivés indique la disparition du signal du proton en position 3 de l'hétérocycle lactonique qui présente un déplacement chimique aux environs de 5 ppm dans les structures de départ, ainsi que le signal de l'amine primaire. En revanche, nous constatons l'apparition de trois nouveaux signaux d'intensité un proton chacun aux environs de 9.50- 10.00 ppm. Ces signaux sont attribuables aux groupements NH du système amidine. Nous avons constaté que les deux protons du groupement amine NH$_2$ (système amidine) ne sont pas équivalents et apparaissent sous forme de deux signaux d'intensité un proton chacun. Ceci s'explique probablement par l'effet d'anisotropie du groupement carbonyle voisin. Nous signalons aussi que dans le CDCl$_3$

(en présence d'une goutte de TFA), nous n'avons pas remarqué l'équilibre entre les deux formes du système amidine (amino- imino). Par contre, dans le DMSO, le dédoublement des signaux des groupements NH indique l'existence de l'équilibre entre les deux formes dans les mêmes proportions.

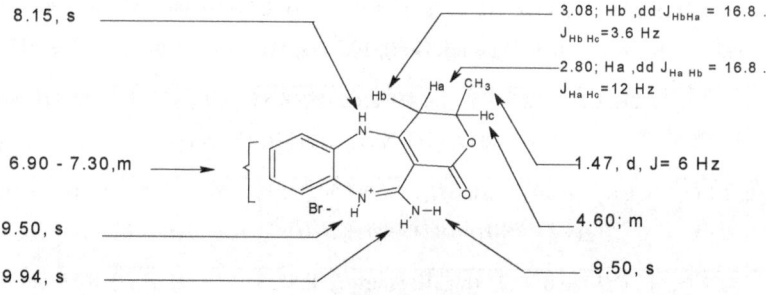

forme amino   forme imino

Nous donnons à titre d'exemple dans le schéma suivant (schéma IV.7) les différents déplacements chimiques du dérivé **73a**.

8.15, s

3.08; Hb ,dd J_{HbHa} = 16.8 .
$J_{Hb\,Hc}$ = 3.6 Hz

2.80; Ha ,dd $J_{Ha\,Hb}$ = 16.8 .
$J_{Ha\,Hc}$ = 12 Hz

6.90 - 7.30,m

1.47, d, J= 6 Hz

9.50, s

4.60; m

9.94, s

9.50, s

Schéma IV.7

Les données des spectres des autres dérivés confirment dans leur ensemble la structure proposée des composés **73**. Nous résumons dans le tableau suivant les donnés de l'analyse RMN ^{1}H pour tous les dérivés.

103

Tableau IV.4: Données de RMN ^1H: δ (ppm) (CDCl₃ /TMS).

Comp 73	RMN ^1H: δ (ppm) (DMSO d6/TMS) sauf **73a** dans(CDCl₃/ CF₃COOH)
73a	1.47 (d, J=6Hz, 3H, CH_3); 2.80 (dd, J$_{AB}$=16.8 Hz, J$_{AC}$=12Hz, 1H, C$H_{2(4)}$) ; 3.08 (dd, J$_{BA}$=16.8Hz, J$_{BC}$=3.6Hz, 1H, C$H_{2(4)}$) ; 4.60 (m, 1H, C$H_{(3)}$); 6.90-7.3 (m, 4H, arom-*H*). 08.15 (s, 1H, N-*H*); 9.04 (s, 1H, N-*H*); 9.50 (s, 1H, N-*H*); 9.94 (s, 1H, N-*H*).
73b	1.30 (d, J=6Hz, 3H, CH_3); 2.19 (s, 3H, CH_3); 2.80 (dd, J$_{AB}$=16.8 Hz, JJ$_{AC}$=12Hz, 1H, C$H_{2(4)}$) ; 3.08 (dd, J$_{BA}$=16.8Hz, J$_{BC}$=3.6Hz, 1H, C$H_{2(4)}$) ; 4.46(m, 1H, C$H_{(3)}$); 6.72-7.01 (m, 3H, arom-*H*). 8.54, 8.62 (s, 1H, N-*H*); 9.55, 9.64 (s, 1H, N-*H*); 9.91, 99.99 (s, 1H, N-*H*); 10.66, 10.74 (s, 1H, N-*H*).
73c	1.40 (d, J=6Hz, 3H, CH_3); 2.75 (dd, J$_{AB}$=16.8 Hz, J$_{AC}$=12Hz, 1H, C$H_{2(4)}$) ; 2.95 (dd, JJ$_{BA}$=16.8Hz, J$_{BC}$=3.6Hz, 1H, C$H_{2(4)}$) ; 4.50(m, 1H, C$H_{(3)}$); 6.90-7.30 ((m, 3H, arom-*H*). 08.8 (s, 1H, N-*H*); 9.6, 9.75 (s, 1H, N-*H*); 10.30 (s, 1H, N-*H*); 10.65, 110.85 (s, 1H, N-*H*).
73d	5.10 (s, 2H, CH_2); 6.80-7.50 (m, 4H, arom-*H*). 8.5 (s, 1H, N-*H*); 8.80 (s, 1H, N-*H*); 110.04 (s, 1H, N-*H*); 11.00 (s, 1H, N-*H*).
73e	2.1 (s, 3H, CH_3); 4.90 (s, 2H, CH_2); 6.50-7.50 (m, 3H, arom-*H*). 8.5 (s, 1H, N-*H*); 8.80 ((s, 1H, N-*H*); 10.00 (s, 1H, N-*H*); 11.10 (s, 1H, N-*H*).
73f	4.92 (s, 2H, CH_2); 6.81-7.31 (m, 3H, arom-*H*); 8.57, 8.62 (s, 1H, N-*H*); 8.83, 8.88 (s, 1H, N-*H*); 10.20 (s, 1H, N-*H*); 11.00 (s, 1H, N-*H*).

IV.2.1.2. RMN ^{13}C

En RMN ^{13}C, les différents déplacements chimiques relatifs aux carbones du composé **73a** sont donnés par le schéma IV.8 suivant :

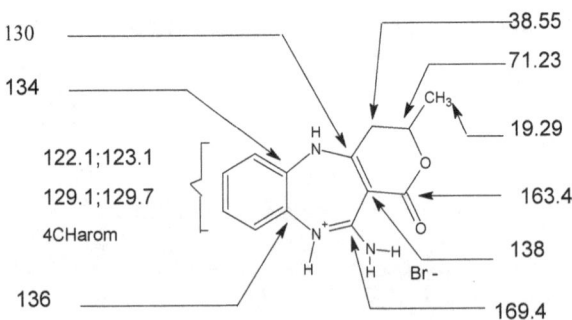

Schéma IV.8

IV.2.1.3. Spectrométrie de masse

L'examen des spectres des composés **73** indique pour chaque produit la masse de l'ion moléculaire. On constate également pour ces dérivés la présence de l'ion moléculaire protoné (MH⁺).

Les principales voies de fragmentations sont illustrées par le schéma suivant (Schéma IV.9a et Schéma IV.9b) :

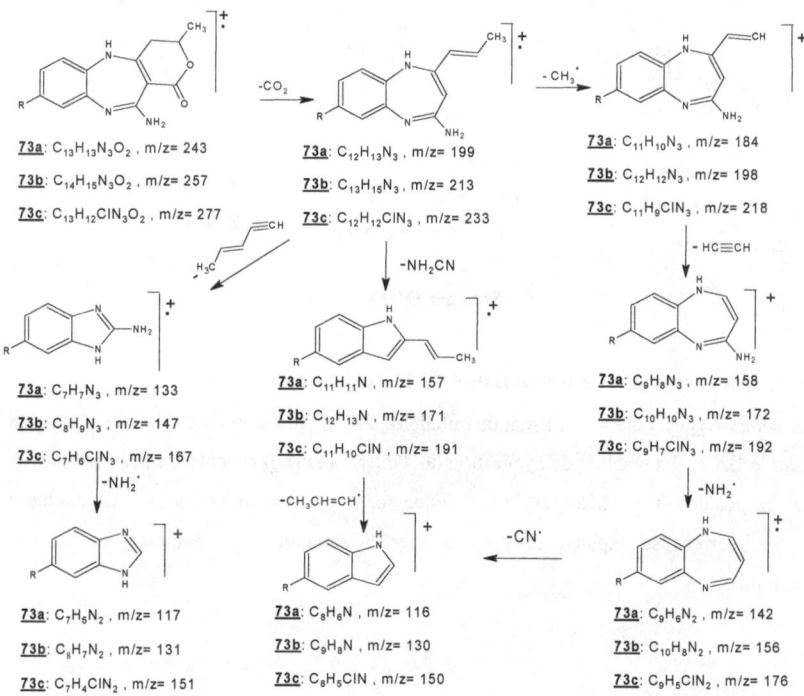

Schéma IV.9a

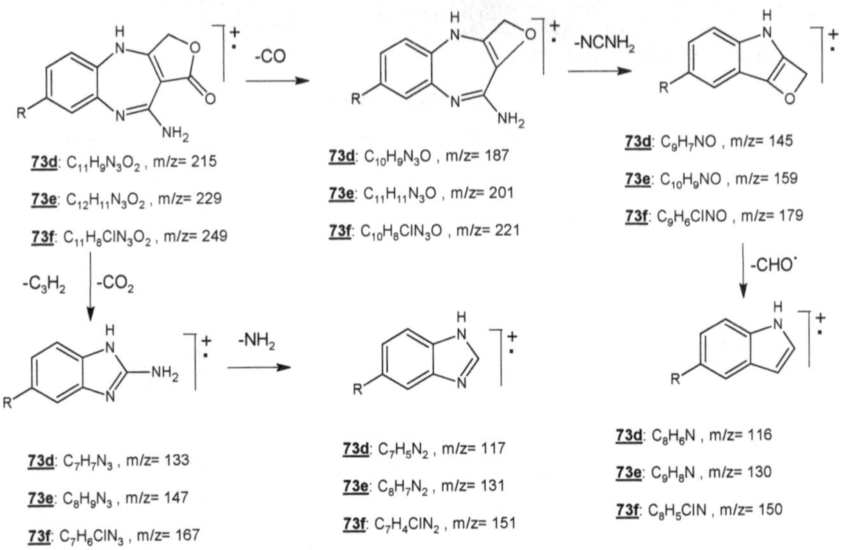

73d: $C_{11}H_9N_3O_2$, m/z= 215

73e: $C_{12}H_{11}N_3O_2$, m/z= 229

73f: $C_{11}H_8ClN_3O_2$, m/z= 249

73d: $C_{10}H_9N_3O$, m/z= 187

73e: $C_{11}H_{11}N_3O$, m/z= 201

73f: $C_{10}H_8ClN_3O$, m/z= 221

73d: C_9H_7NO , m/z= 145

73e: $C_{10}H_9NO$, m/z= 159

73f: C_9H_6ClNO , m/z= 179

-CO

-NCNH₂

-C₃H₂   -CO₂

-CHO˙

-NH₂

73d: $C_7H_7N_3$, m/z= 133

73e: $C_8H_9N_3$, m/z= 147

73f: $C_7H_6ClN_3$, m/z= 167

73d: $C_7H_5N_2$, m/z= 117

73e: $C_8H_7N_2$, m/z= 131

73f: $C_7H_4ClN_2$, m/z= 151

73d: C_8H_6N , m/z= 116

73e: C_9H_8N , m/z= 130

73f: C_8H_5ClN , m/z= 150

Schéma IV.9b

IV.2.1.4. Discussion sur le mécanisme de la réaction

L'intermédiaire **B** est obtenu par l'attaque initiale de l'amine primaire du produit de départ (**38** ou **39**) sur le BrCN. La réaction de cyclisation de l'intermidiaire **B** est obtenue par l'attaque du carbone en position 3 de l'hétérocycle lactonique sur le système imino (voie1). Le composé formé se réaromatise rapidement pour donner la structure hydrobromure de la 1,5-benzodiazépine.

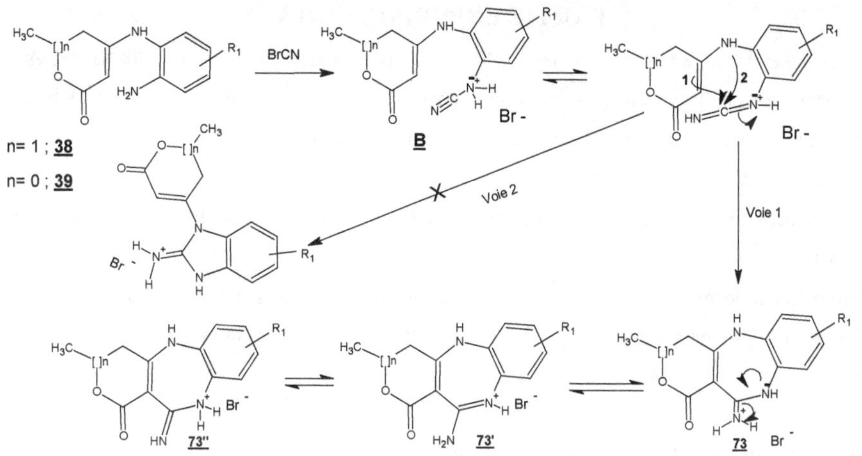

Schéma IV.10

CONCLUSION

Au cours de ce chapitre, nous avons mis au point deux méthodes de synthèse permettant l'accès à deux nouvelles structures de type 1,5-benzodiazépine.

L'action du CS_2 sur les énaminones **38** et **39** conduit a chaque fois à un seul produit de structure 1,5- benzodiazépin-thione avec de bons rendements et dans des conditions simples utilisant des réactifs peu coûteux.

-Les énaminones **38** et **39** soumises à l'action du cyanure de brome au reflux de l'éthanol conduit à la de structure hydrobromure de la 11-amino 1,5- benzodiazépine. Nous avons montré que les deux réactions sont spécifiques et dans chaque cas, seul la fonction amine (primaire) et le carbone C_3 réagissent pour conduirent aux structures benzodiazépines sous forme de sels dont l'étude est actuellement en cours au laboratoire.

PARTIE EXPERIMENTALE

Les spectres de RMN ^{1}H ont été réalisés sur spectromètre Bruker AC 200MHz et AC 300MHz les déplacements chimiques sont donnés en ppm par rapport au TMS (référence interne). Les conventions sont les suivantes : s : singulet ; d : doublet ; t : triplet ; q : quadruplet ; m : multiplet

Les spectres RMN ^{13}C ont été effectués en J modulé sur un spectromètre Bruker AC 50MHz et 75 MHz.

Les spectres de masse ont été réalisés sur un spectromètre Nermag R10-10C avec le mode d'ionisation par impact électronique à 70Ev. Les points de fusion sont pris à l'aide d'un banc Köfler.

Procédé d'obtention de la structure <u>69</u>.

Dans un ballon de 50mL, un mélange de 0.01 mole de l'énaminone <u>38</u> (ou <u>39</u>) dissous dans le minimum de DMSO, on ajoute 5 mL de CS$_2$ et 5 ml de pyridine. Le mélange est laissé sous agitation énergique pendant 24 h à température ambiante. La benzodiazépin-thione <u>69</u> précipite sous forme d'un solide jaune. Ce dernier est filtré puis lavé a plusieurs reprises par l'acétone et enfin recristallisé dans l'éthanol.

3-methyl-11-thioxo-1, 3, 4, 5, 10, 11-hexahydrobenzo [b]pyrano[4,3- *e*][1,4]diazepin-1-one <u>69a</u>

(Rendement: 60 %), recristallisation dans l'éthanol, P.F (°C) = 220-222 °C

RMN ^{1}H (DMSO, 300 Mhz, δ ppm): 1.27 (d, 3H, J=6, CH3); 2.10 (dd, 1H, CH$_2$); 2.70 (dd, 1H, J=2.7, CH$_2$); 4.25 (m, 1H, CH); 6.84-7.20 (m, 4H, C$_6$H$_4$); 9.01 (s, 1H, NH); 11.00 (s, 1H, NH).

RMN ^{13}C (DMSO, 300 Mhz, δ ppm): 19.67(q, <u>C</u>H $_3$); 37.20(t, <u>C</u>H2); 70.07 (d, <u>C</u>H$_{(3)}$); 107.29 (C $_{(4a)}$); 121.48 (<u>C</u>Harom); 123.15 (<u>C</u>harom); 125.66 (<u>C</u>Harom); 126.13 (<u>C</u>Harom); 129.39(C $_{(11a)}$); 138.40 (s, C $_{(5a)}$); 158.88 (C $_{(9a)}$); 165.67 (s, CO); 197.33 (CS).

S.M.(IE, 70ev) : M.+ = (calculée, trouvée pour C$_{13}$ H$_{12}$N$_2$ O$_2$ S): 260.309, 260.220

<u>Analyse Centésimale:</u> (C$_{13}$ H$_{12}$N$_2$ O$_2$ S): calculée: C, 59.89; H, 4.65; N, 10.76. Trouvée : C, 59.56; H, 4.35; N, 10.31.

3,8-dimethyl-11-thioxo-1, 3,4,5,10,11-hexahydrobenzo[*b*]pyrano[4,3- *e*][1,4]diazepin-1-one <u>69b</u>

(Rendement : 56 %), recristallisation dans l'éthanol, P.F (°C) = 225-227 °C

RMN ^{1}H (DMSO, 300 Mhz, δ ppm): 1.27 (d, 3H, J=6, CH3); 2.17 (s, 3H, CH3); 2.39 (m, 1H, CH$_2$); 2.69 (dd, 1H, J=2.7, CH$_2$); 4.23 (m, 1H, CH); 6.66-6.88 (m, 3H, C$_6$H$_3$); 8.98 (s, 1H, NH); 10.87 (s, 1H, NH).

RMN ^{13}C (DMSO, 300 Mhz, δ ppm): 19.68(q, $\underline{C}$H$_3$); 20.68 (q, $\underline{C}$H 3) ; 37.20 ($\underline{C}$H2$_{(4)}$); 70.06 ($\underline{C}$H$_{(3)}$); 107.19 (C$_{(4a)}$); 121.37 ($\underline{C}$H arom); 123.33 ($\underline{C}$Harom); 127.55 Carom); 130.09(C$_{(11a)}$); 135.61 (C$_{(5a)}$); 158.80 (C$_{(9a)}$); 165.73(s, CO); 197.33 (CS).

S.M.(IE, 70ev) : M.+ = (calculée, trouvée pour C$_{14}$ H$_{14}$N$_2$ O$_2$ S): 274.33, 274.13

Analyse Centésimale: *(*C$_{14}$ H$_{14}$N$_2$ O$_2$ S): calculée :C, 61.29; H, 5.14; N, 10.21. Trouvée: C, 60.95; H, 5.02; N, 10.11.

8-chloro-3-methyl-11-thioxo-1, 3, 4, 5, 10, 11-hexahydrobenzo [*b*] pyrano [4,3-*e*][1,4] diazepin -1-one 69c

(Rendement : 50 %), recristallisation dans l'éthanol, P.F (°C) = 229-231 °C

RMN ^{1}H (DMSO, 300 Mhz, δ ppm): 1.29 (d, 3H, J=6, CH3); 2.42 (m, 1H, CH2); 2.75 (dd, 2H, J=2.7, CH2); 4.25 (m, 1H, CH); 6.85-7.40 (m, 3H, C6H3); 9.02(s, 1H, NH); 11.00 (s, 1H, NH).

RMN ^{13}C (DMSO, 300 Mhz, δ ppm): 19.66(q, $\underline{C}$H 3); 37.16 (d, $\underline{C}$H2); 70.08 ($\underline{C}$H in 3); 107.41 (C$_{(4a)}$); 122.36 ($\underline{C}$Harom); 122.94 ($\underline{C}$Harom); 125.61($\underline{C}$Harom); 128.99 (Carom); 129.64 (C$_{(11a)}$); 139.78(C$_{(5a)}$); 158.40 (C$_{(9a)}$); 165.48 (s, CO); 197.41 (CS).

S.M.(IE, 70ev) : M.+ = (calculée, trouvée pour C$_{13}$H$_{11}$ClN$_2$O$_2$S): 294.754, 294.62.

Analyse Centésimale: *(*C$_{13}$ H$_{11}$ Cl N$_2$ O$_2$ S) calculée: C, 52.97; H, 3.76; N, 9.50. Trouvée: C, 52.80; H, 3.54; N, 9.36.

10-thioxo-3, 4,9,10-tetrahydro-1*H*-benzo [*b*] furo [3,4-*e*][1,4] diazepin-1-one 69d

(Rendement : 60 %), recristallisation dans l'éthanol, P.F (°C) = 218-220 °C

RMN ^{1}H (DMSO, 300 Mhz, δ ppm): 5.77 (s, 2H, CH2); 7.68-8.40 (m, 4H, C6H4); 8.77(s, 1H, NH); 11.55 (s, 1H, NH).

RMN ^{13}C (DMSO, 300 Mhz, δ ppm): 68.63 (t, $\underline{C}$H2); 109.20(s, C$_{(4a)}$); 113.10 ($\underline{C}$H arom); 121.20 ($\underline{C}$Harom); 127.22 ($\underline{C}$Harom); 131.15 ($\underline{C}$Harom); 146.85 (s, C$_{(5a)}$); 152. 31 (s, C$_{(9a)}$); 166.22 (s, CO); 197.75 (CS).

S.M.(IE, 70ev) : M.+ = (calculée, trouvée pour C$_{11}$ H$_8$N$_2$ O$_2$ S): 232.25, 232.16

Analyse Centésimale: *(*C$_{11}$ H$_8$N$_2$ O$_2$ S) calculée: C, 56.88; H, 3.47; N, 12.06. trouvée: C, 56.66; H, 3.24; N, 11.88.

7-methyl-10-thioxo-3, 4,9,10-tetrahydro-1*H*-benzo [*b*] furo [3,4-*e*][1,4] diazepin-1-one 69e

(Rendement : %), recristallisation dans l'éthanol, P.F (°C)= 222-224 °C

RMN ^{1}H (DMSO, 300 Mhz, δ ppm): 2.51 (s, 3H, CH3); **5.76** (s, 2H, CH2); 7.68-8.40 (m, 3H, C6H3); 8.77(s, 1H, NH); 11.55 (s, 1H, NH).

RMN ^{13}C (DMSO, 300 Mhz, δ ppm): 20.69 (q, CH3); 69.13 (t, CH2); 108.60(s, C$_{(4a)}$); 113.54 (CH arom); 122.16 (CHarom); 128.44 (CHarom); 135.48 (Carom); 147.20 (s, C$_{(5a)}$) ; 151.95 (s, C$_{(9a)}$); 166.24 (s, CO); 197.65 (CS).

S.M.(IE, 70ev) :M.+ = (calculée, trouvée pour C$_{12}$ H$_{10}$N$_2$ O$_2$ S): 246.28, 246.08

Analyse Centésimale: (C$_{12}$ H$_{10}$N$_2$ O$_2$ S) calculée: C, 58.52; H, 4.09; N, 11.37. trouvée: C, 58.14; H, 3.75; N, 11.05.

7-chloro-10-thioxo-3, 4,9,10-tetrahydro-1H-benzo [b] furo [3,4-e][1,4]diazepin-1-one 69f
(Rendement : 68 %), recristallisation dans l'éthanol, P.F (°C) = 228-230 °C

RMN ^{1}H (DMSO, 300 Mhz, δ ppm): 5.82 (s, 2H, CH2); 7.80-8.50 (m, 3H, C6H3); 8.85 (s, 1H, NH); 11.76 (s, 1H, NH).

RMN ^{13}C (DMSO, 300 Mhz, δ ppm) : 68.65 (t, CH2); 109.35(s, C$_{(4a)}$); 112.60 (CH arom); 120.95 (CHarom); 128.07 (CHarom); 130.56 (Carom); 147.15 (s, C$_{(5a)}$) ;   150.87   (s,   C$_{(9a)}$) ;166.53 (s, CO); 197.73 (CS).

S.M.(IE, 70ev) : M.+ = (calculée, trouvée pour C$_{11}$H$_7$ClN$_2$O$_2$S): 266.70, 266.55

Analyse Centésimale: (C$_{11}$ H$_7$ Cl N$_2$ O$_2$ S) calculée: C, 49.54; H, 2.65; N, 10.50. Trouvée: C, 49.11; H, 2.55; N, 10.89.

Procédé d'obtention de la structure 73

Dans un ballon de 50ml, on introduit 10 mmole de l'énaminone **38** (ou **39**), 25ml d'éthanol et 10 mmole (3.33 ml d'une solution méthalonique à 3N) de cyanobromide (BrCN). Le mélange réactionnel est porté à reflux sous agitation magnétique pendant 2h, on constate la formation d'un solide. On laisse refroidir avant de filtrer le précipité obtenu. Celui-ci est recristallisé dans l'éthanol pour donner le produit **73**.

11-amino-3-methyl-4,5-dihydropyrano[4,3-b][1,5]benzodiazepin-1(3H)-one
hydrobromide 73a

Rendement : 40 %. Recristallisation dans l'éthanol, P.F = 76-78 °C.

RMN ^{1}H (CDCl$_3$/ CF$_3$COOH, 300 Mhz, δ ppm) : 1.47 (d, J=6Hz, 3H, CH$_3$); 2.80 (dd, J$_{AB}$=16 Hz, J$_{AC}$=11 Hz, 1H, CH$_{2(4)}$) ; 3.08 (dd, J$_{AB}$=16 Hz, J$_{AC}$=11 Hz, 1H, CH$_{2(4)}$) ; 4.60 (m, 1H,

$CH_{(3)}$); 6.90-7.3 (m, 4H, arom-H). 8.15 (s, 1H, N-H); 9.04 (s, 1H, N-H); 9.50 (s, 1H, N-H); 9.94 (s, 1H, N-H).

RMN ^{13}C (CDCl$_3$/ CF$_3$COOH, 300 Mhz, δ ppm): 19.29 (CH_3); 38.55 ($CH_{2(4)}$); 71.23 ($CH_{(3)}$);122.1, 123.1, 129.1, 129.7 (arom-CH); 130 ($C_{(4a)}$); 136 ($C_{(9a)}$); 134 ($C_{(5a)}$); 138($C_{(11a)}$); 163.4 (C=O); 169.4 (C=N+).

S.M.(IE, 70ev) : MH.$^+$ (calculée, trouvée pour C$_{13}$ H$_{14}$N$_3$ O$_2$.): L'ion moléculaire: 243

Analyse Centésimale: (C$_{13}$ H$_{13}$N$_3$ O$_2$.HBr) calculée: C, 48.17; H, 4.35; N, 12.96. trouvée: C, 47.96; H, 4.22; N, 12.76.

11-amino-3,8-dimethyl-4,5-dihydropyrano[4,3-*b*][1,5]benzodiazepin-1(3*H*)-one hydrobromide 73b

Rendement :: 42 %. Recristallisation dans l'éthanol, P.F = 76-78 °C.

RMN ^{1}H (DMSO, 300 Mhz, δ ppm): 1.30 (d, J=6Hz, 3H, CH_3); 2.19 (s, 3H, CH_3); 2.80 (dd, J_{AB}=16 Hz, J_{AC}=11 Hz, 1H, C$H_{2(4)}$) ; 3.08 (dd, J_{AB}=11Hz, J_{AC}=4.8, 1H, C$H_{2(4)}$) ; 4.46(m, 1H, C$H_{(3)}$); 6.72-7.01 (m, 3H, arom-H). 8.54, 8.62 (s, 1H, N-H) ; 9.55, 9.64 (s, 1H, N-H); 9.91, 9.99 (s, 1H, N-H); 10.66, 10.74 (s, 1H, N-H).

RMN ^{13}C (DMSO, 300 Mhz, δ ppm): 19.94 (CH_3); 20.64 (CH_3); 37.98 ($CH_{2(4)}$); 69.87 ($CH_{(3)}$); 122.2, 122.3, 127.1 (arom-CH); 129 (arom-C); 130.3 ($C_{(4a)}$); 134.2 ($C_{(9a)}$); 136 ($C_{(5a)}$); 138.2 ($C_{(11a)}$); 164 (C=O); 170.04 (C=N+).

S.M.(IE, 70ev) : MH.$^+$ (L'ion moléculaire pour C$_{14}$ H$_{16}$N$_3$ O$_2$): 258.

Analyse Centésimale: (C$_{14}$ H$_{15}$N$_3$ O$_2$.HBr) calculée: C, 49.72; H, 4.77; N, 12.42. Trouvée: C, 49.65; H, 4.69; N, 12.51.

11-amino-8-chloro-3-methyl-4,5-dihydropyrano[4,3-*b*][1,5]benzodiazepin-1(3*H*)-one hydrobromide 73c

Rendement : 35 %. Recristallisation dans l'éthanol, P.F = 76-78 °C.

RMN ^{1}H (DMSO, 300 Mhz, δ ppm): 1.40 (d, J=6Hz, 3H, CH_3); 2.75 (dd, J_{AB}=16 Hz, J_{AC}=11 Hz, 1H, C$H_{2(4)}$) ; 2.95 (dd, J_{AB}=11Hz, J_{AC}=4.8, 1H, C$H_{2(4)}$) ; 4.50(m, 1H, C$H_{(3)}$); 6.90- 7.30 (m, 3H, arom-H). 8.8 (s, 1H, N-H); 9.60, 9.75 (s, 1H, N-H); 10.30 (s, 1H, N-H); 10.65, 10.85 (s, 1H, N-H).

RMN ^{13}C (DMSO, 300 Mhz, δ ppm): 19.86 (CH_3); 38.01 ($CH_{2(4)}$); 69.95 ($CH_{(3)}$); 121.6, 122.3, 127 (arom-CH); 129 (arom-C); 131 ($C_{(4a)}$); 134 ($C_{(9a)}$); 136($C_{(5a)}$); 138($C_{(11a)}$); 163.4

(C=O); 170.35 (C=N+).

S.M.(IE, 70ev) : MH.$^+$ (L'ion moléculaire pour C$_{13}$ H$_{13}$ClN$_3$ O$_2$): 278.

Analyse Centésimale: (C$_{13}$ H$_{12}$ClN$_3$ O$_2$.HBr) calculée: C, 43.54; H, 3.65; N, 11.72. Trouvée: C, 43.51;   H, 3.59; N, 11.68.

10-amino-3,4-dihydro-1H-furo[3,4-b][1,5]benzodiazepin-1-one hydrobromide 73d

Yield: 60 %. recristallisation dans l'éthanol, P.F = 76-78 °C.

RMN ^{1}H (DMSO, 300 Mhz, δ ppm): 5.10 (s, 2H, CH_2); 6.80-7.50 (m, 4H, arom-H). 8.5 (s, 1H, N- H); 8.80 (s, 1H, N-H); 10.04 (s, 1H, N-H); 11.00 (s, 1H, N-H).

RMN ^{13}C (DMSO, 300 Mhz, δ ppm): 67.2 (CH_2); 122.7, 122.95, 127.2, 128.2 (arom-CH); 128.2 (C$_{(3a)}$); 129(C$_{(4a)}$); 135(C$_{(8a)}$); 138(C$_{(10a)}$); 157.7 (C=O); 170.35 (C=N+).

S.M.(IE, 70ev) : MH.$^+$ (L'ion moléculaire pour C$_{11}$ H$_{10}$N$_3$ O$_2$): 216.

Analyse Centésimale: (C$_{11}$H$_9$N$_3$ O$_2$.HBr) calculée: C, 44.62; H, 3.40; N, 14.19. trouvée: C, 44.57; H, 3.33; N, 14.15

10-amino-7-methyl-3,4-dihydro-1H-furo[3,4-b][1,5]benzodiazepin-1-one hydrobromide 73e

Yield: 55 %. Recristallisation dans l'éthanol, P.F = 76-78 °C.

RMN ^{1}H (DMSO, 300 Mhz, δ ppm): 2.1 (s, 3H, CH_3); 4.90 (s, 2H, CH_2); 6.50-7.50 (m, 3H, arom- H); 8.5 (s, 1H, N-H); 8.80 (s, 1H, N-H); 10.00 (s, 1H, N-H); 11.10 (s, 1H, N-H)

RMN ^{13}C (DMSO, 300 Mhz, δ ppm): 20.5 (CH_3); 68.4 (CH_2); 122.7, 122.2, 123 (arom-CH); 126.2(arom-C); 128(C$_{(3a)}$); 129. (C$_{(4a)}$); 135(C$_{(8a)}$); 138 (C$_{(10a)}$); 157.7 (C=O); 171.1 (C=N+).

S.M.(IE, 70ev) : MH.$^+$ (L'ion moléculaire pour C$_{13}$ H$_{12}$N$_3$ O$_2$): 230 (MH$^+$).

Analyse Centésimale: (C$_{13}$ H$_{11}$N$_3$ O$_2$.HBr) calculée: C, 46.47; H, 3.90; N, 13.55. trouvée: C, 46.39; H,   3.79; N, 13.51.

10-amino-7-chloro-3,4-dihydro-1H-furo[3,4-b][1,5]benzodiazepin-1-one hydrobromide 73f

Rendement : 50 %. Recristallisation dans l'éthanol, P.F = 76-78 °C.

RMN ^{1}H (DMSO, 300 Mhz, δ ppm): 4.92 (s, 2H, CH_2); 6.81-7.31 (m, 3H, arom-H); 8.57, 8.62 (s, 1H, N-H); 8.83, 8.88 (s, 1H, N-H); 10.20 (s, 1H, N-H); 11.00 (s, 1H, N-H).

RMN ^{13}C (DMSO, 300 Mhz, δ ppm): 67.2(CH_2); 118.5, 122.2, 126 (arom-CH); 127.5(arom-

C); 129($C_{(3a)}$); 130 ($C_{(4a)}$); 135($C_{(8a)}$); 138 ($C_{(10a)}$); 157.6 (C=O); 171.8(C=N+).

S.M.(IE, 70ev) : MH.$^{+}$ (L'ion moléculaire pour C_{13} H_9ClN_3 O_2): 250 (MH^{+}).

Analyse Centésimale: (C_{13} H_8ClN3 O_2.HBr): calculée: C, 39.97; H, 2.74; N, 12.71. trouvée: C, 39.89; H, 2.69; N, 12.68.

BIBLIOGRAPHIE

[1]- L. Sternbach, *The benzodiazepine story. Prog. Drug Res.*, **22**, 229–266. **1978**.

[2]-a) J. M. Kim, K.Y. Lee, J. N. Kim., *Bull. Korean. Chem. Soc.*, Vol. **23**, No. 8, 1055, **2002**.

-b) S. J. Childress, M. I. Gluckman., *J. Pharm. Sci.*, **53**, 5 ,**1964**.

-c) G. Roma, G. C. Grossi, M. Ghai, F. Maltriot., *Eur. J. Med. Chem.*, **26**, 489, **1991**.

[3]-D. A.Williams, T. A. Lemke, W. O. Foye, *Foye's Principlesof Medicinal Chemistry*, Vth ed. Hagerstown: Lippincott Williams &Wilkins(**2002**).

[4]-a) J. Lee, D. Gauthier, R. A. Rivero., *J. Org. Chem.*, *64*, 3060, **1999**.

-b) G. A. Kraus, *Tetrahedron Lett.*, **36**, 7595, **1995**.

[5]-a) O. Levy, M. Erez, D. Varon, E. Keinan., *Bioorg. Med. Chem. Lett.*, **11**, 2921, **2001**.

-b) Y. Liao, B. J. Venhuis, N. Rodenhuis, W. Timmerman,H. Wikstrom, E. Meier, G. D. Bartoszyk, H. Bottcher, C. A. Seyfried, S. Sundell., *J. Med. Chem.*, **42**, 2235, **1999**.

-c) V. I. Cohen, B. Jin, E. I. Cohen, B. R. Zeeberg., *J. Heterocyclic. Chem.*, **35**, 675, **1998**.

-d) Y. Liao, P. DeBoer, E. Meier, H. Wikstrom., *J. Med. Chem.*, **40**, 4146, **1997**.

-e) E. C. Cortes, P. M. Islas, M. M. Garcia, M. O. Z. Romero., *J. Heterocyclic. Chem.*, **33**, 1723, **1996**.

-f) L.-h. Zhang, W. Meier, E. Wats, T. D. Costello, P. Ma, C. L. Ensinger, J. M. Rodgers, C. Jacobson, P. Rajagopalan., *Tetrahedron Lett.*, **36**, 8387, **1995**.

[6]-S. J. Childress, M. I. Gluckman., *J. Pharm. Sci.*, **53**, 5, **1964**.

[7]-B. Blackburn, A. Lee, M. Baier, B. Kohl, A. Olivero, R. Matamoros, K. Robarge, R.McDowell, *J. Med. Chem.*, **40**, 717–729, **1997**.

[8]-V. K. Agrawal, R. Sharma, P. V. Khadikar., *Bioorg. Med. Chem. Lett.*, **10** (11), 3571–3581, **2002**.

[9]-F. D. Popp, A. C. Noble, *Advances in Heterocyclic Chemistry*; Katritzky, A.R., Boulton, A.J., Eds.; Academic Press: New York., **8**, 21, **1967**.

[10]-H. Wilms, J. Claasen, C. Röhl, J. Sievers, G. Deuschl, R. Lucius., *Neurobiol. Dis.*, **14**, 417–424, **2003**.

[11]-M. G. Bock, R. M. Dipardo, B. E. Evans, K. E. Rittle, W. L. Whitter, V. M. Garsky, K. F. Gilbert, J. L. Leighton, K. L. Carson, E. C. Mellin, D. F. Veber, R. S. L. Chang, V. J. Lotti, S. B. Freedman, A. J. Smith, S. Patel, P. S. Anderson, R. M. Freidinger., *J. Med. Chem.*, **36**, 4276–4292, **1978**.

[12]-D. A. Williams, T. A. Lemke, W. O. Foye,. *Foye's Principles of Medicinal Chemistry*,

Vth ed. Hagerstown: Lippincott Williams & Wilkins (2002).

[13]-G. C. Grossi, M. Di Braccio, G. Roma, M. Chia, G. Brambilla., *Eur. J. Med. Chem.*, 28(7-8), 577-84, 1993.

[14]-a)G. C. Grossi , M. Di Braccio, G. Roma, V. Ballabeni , M. Tognolini, F. Calcina, E. Barocelli., *Eur. J. Med. Chem.*, 37 , 933-944, 2002.

[15]-J. B. Press, C. M. Hofmann, N. H. Eudy, W. J. Fanshawe, I.P. Day, E. N. Greenblatt, S. R. Safir., *J. Med. Chem.*, 22(6), 725-31, 1979.

[16]-K. D. Hargrave, J. J. R. Proudfoot, K. G. Grozinger, E. Cullen, S. R. Kapadia, U. R. Patel, V.U. Fuchs, S. C. Mauldin, J. Vitous, M. L. Behnke, J. M. Klunder, K. Pal, J. W. Skiles, D. W. McNeil, J. M. Rose, G. C. Chow, M. T. Skoog, J. C. WU, G. Schmidt, W. W. Engel, W. G. Eberlein, T. D. Saboe, S. J. Campbell, Alan S. Rosenthal, J. Adams., *J. Med.Chem.*, 34, 2231-2241, 1991.

[17]-a) B. Nedjar. Kolli, M. Hamdi, J.Pecher, *Synth. Commun.*, 20, 1579, 1990.

-b) B.Nedjar. Kolli, « Thèse d'Etat », Université d'Alger, 1982 .

[18]- M. Amari, B. Nedjar-Kolli, *J. Soc. Alger. Chim.*, 11(1), 77, 2001.

[19]- a) M. Fodili, M. Amari, B.Nedjar. Kolli, A. Robert, M. Baudy-Floch, P. Legrel., *Synthesis.*, 5, 811. 1999.

-b) M. Fodili, « Thèse d'Etat », Université (USTHB) d'Alger, 2005.

[20]-B.A. Roberte, K. Andries, J. S. Desayter, D. Kukla, J. Berslin, H. Raemaekers, A. Gelder, J. V. Hay-Kants, Schellekens, J. K. Janseen, M. A. E. DeClerq, P. Janseen., *Nature.*, 343, 470, 1990.

[21]- H. Ming Chu, H. M. Huryn, M. Donna, T. Steve, Y. Kai, Eur. Pat. Appl. Ep. 491, 218, U.S. Appl. 628, 551, 1990, *Chem. Abstr.*, 117, 151025x, 1992.

[22]- B. A. Roberte, E. J. Valentine, C. H. Ming, T. Steve, Y. Kai., *Eur. Pat.*, 462, 522, 1991; *U.S. Patent*, 539, 500,1990; *Chem. Abstr.*, 116, 128978f, 1992.

[23]-B. Puodziunaite, L. Kosychova, R. Janciene, Z. Stumbreviciute., *Monatshefte fuer Chemie.*, 128(12), 1275-1281, 1997.

[24]-a)R. Janciene, Z. Stumbreviciute, L. Pleckaitiene, B. Puodziunaite., *Arzneimittel. Forschung.*, 52(6), 475-481, 2002.

b)R. Janciene, Z. Stumbreviciute, L. Pleckaitiene, B. Puodziunaite., *Chem. Heterocyclic Comp(Translation of Khimiya Geterotsiklicheskikh Soedinenii).*, 38(6), 738-740, 2002.

[25]-J. D. Albright, M. F. Reich, F-W. Sum, S. Delos, G. Efren., *Eur. Pat. Appl.*, 636625, 01 Feb 1995

[26]- A. Kamal, B. S. P. Reddy., *Bioorg. Med. Chem. Lett.,* 1(3), 159-60, **1991**

[27]-M. Di Braccio, G. Grossi, G. Roma, L. Vargiu, M. Mura, M. E. Marongiu., *Eur. J. Med. Chem.,* 36(11-12), 935-949, **2001**.

[28]-A. Keita, F. Lazrak, E. M. Essassi, I. Cherif Alaoui, Y. Kandri Rodi, J. Bellan, M. Pierrotd., *Phos. Sul. Sil.,* 178:1541–1548, **2003**.

[29]-N. H. Ahabchane, S. Ibrahimi, M. Salem, E. M. Essassi, S. Amzazic, A. Benjouad., *C. R. Acad. Sci. Paris, Chimie / Chemistry.*, 4, 917–924, **2001**.

[30]-F. Capasso, P. Morrica, E. Ramundo, V. Santagada, C. D. Vinciguerra., *Rendiconto del l'Accademia delle Scienze Fisichee Matematiche, Naples.*, 50(2), 247-57, **1983**.

[31]- K. Peseke., *Tetrahedron.*, 32(4), 483-5, **1976**.

[32]- K. Peseke, J. S. Quincoces, R. Bartroli, M. Rita., *Ger. (East).*, 267041, 19 Apr **1989**.

[33]- D. Nardi, R. Pennini, A. Tajana., *J. Heterocycl. Chem.*, 12(5), 825-8, **1975**.

[34]-B. Puodziunaite, L. Kosychova, R. Janciene, Z. Stumbreviciute., *Monatshefte fuer Chemie.*, 128(12), 1275-1281, **1997**.

[35]-a) R. Janciene, Z. Stumbreviciute, L. Pleckaitiene, B. Puodziunaite., *Arzneimittel-Forschung.*, 52(6), 475-481, **2002**.

-b)R. Janciene, Z. Stumbreviciute, L. Pleckaitiene, B. Puodziunaite., *Chem. Heterocyclic. Comps (Translation of Khimiya Geterotsiklicheskikh Soedinenii).*, 38(6), 738-740, **2002**.

[36]-J. F. F. Liegeois, J. E. Delarge., *(Therabel Research S.A./N.V., Belg.).* U.S. ,12 pp, (**1995**). *Cont. of U.S. Ser.* No. 888,372,U.S., 5393752, 28 Feb **1995**.

[37]-E. M. Essassi, A. Lamkadem, R. Zniber, *Bull. Soc. Chim. Bel.*, 100(3), 277-86, **1991**.

[38]- Y. Q. Wu, D. C. Limburg, D. E. Wilkinson, G. S. Hamilton., *J. Heterocycl. Chem.*, 40(1), 191-193, **2003**.

[39]-L. Testaferri, M. Tingoli, M. Tiecco, D. Chianelli, M. Montanucci., *Phos. Sul. and the Rel. Ele.*, 15(3), 263-8,**1983**.

[40]-M. A. F. Sharaf, S. M. Sherif, N. A. A. Ibraheim., *Phos. Sul. and Sil.*, 179, 293–303, **2004**.

[41]-J. T. Shaw, W. L. Corbett, G. D. Cuny, M. F. Egler, V. S. Peciulis., *J. Heterocycl. Chem.*, 28(4), 987-90, **1991**.

[42]-Y. Kurasawa, Y. Nemoto, A. Sakakura, M. Ogura, A. Takada., *Chem. Phar. Bul.*, 32(9), 3366-72, **1984**.

CHAPITRE V: REACTIVITE DE LA STRUCTURE BENZODIAZEPINE-THIONE

INTRODUCTION

Les dérivés benzimidazole sont connus pour leur activité pharmacologique importante. Ils possèdent des propriétés antimicrobiennes, antivirale, antifongique, antiparasitaire, antihelmintique[1-8] et sont employés comme régulateurs de croissance pour les plantes [9–11].

Dans le cadre de recherches menées pour trouver de nouveaux inhibiteurs non nucléosidiques de la transcriptase inverse (anti-HIV) [1], une structure de type benzimidazole thione **74** (le TIBO), c'est révélée être très active contre la protéase du VIH-1.

74

L'activité antivirale, ainsi que le bon profil pharmacocinétique du TIBO, a incité d'autres chercheurs à synthétiser et tester d'autres structures analogues [12, 13]. La structure de type imidazo [1,4] benzodiazepin-thione **75** est un composé très actif qui empêche la réplique de HIV-1. D'autre part une autre équipe [14] a synthétisé une série de dérivés de la même famille **76**. L'étude de la relation structure-activité (S.A.R) réalisée sur ces composés a montrée que les dérivés 9-bromo (**76d**, **76e**) présentent une bonne activité anti-HIV.1, tandis que les composés **76a** et **76c** ont une activité anti-HIV modérée.

75

76

76a : R = R$_2$ =H; R$_1$= Me; X=H; Y=S

76b : R = R$_2$ =H; R$_1$= Me; X=H; Y=O

76c : R =R$_1$ =H; R$_2$= Et; X=Br; Y=S

76d : R =Me; R$_1$= H; R$_2$= Et; X=Br; Y=S

76e : R =H; R$_1$= Me; R$_2$ =Et; X=Br; Y=S

76f : R = R$_1$ =H;R$_2$ = Et; X=Br; Y=O

76g : R =Me; R$_1$=H; R$_2$ =Et; X=Br; Y=O

76h : R =H;R$_1$= Me; R$_2$ =Et ; X=Br; Y=O

L'importance thérapeutique des structures benzimidazoles a incité de nombreux auteurs à développer des méthodologies de synthèse pour l'élaboration de ces substances. Ainsi on relève dans la littérature de multiples stratégies de synthèse aboutissant à des dérivés possédant le noyau benzimidazole.

La stratégie de synthèse, la plus utilisée consiste généralement à condenser l'orthophenylénediamine ou ses dérivés avec différents réactifs [15-22] :

Notre laboratoire a contribué à ces structures par l'action des N,N-diméthylacétale sur les énaminones [23].

Les dérivés benzodiazépines constituent d'excellents précurseurs de divers systèmes hétérocycliques de différentes tailles et en particulier les benzotriazoles [24,25] et les quinoxalines [26]. En effet les benzodiazépines possèdent plusieurs centres réactifs et subissent des réarrangements sous l'influence d'agents binucléophiles (hydrazine, hydroxylamine) ou sous l'effet thermique.

Certains chercheurs [27-29] ont montré que les 1,5-benzodiazépin-2-ones et les 1,5-benzodiazépin-2-thiones se transforment thermiquement en benzimidazole-2-ones et benzimidazole-2-thiones respectivement selon un réarrangement intramoléculaire 1,3 du cycle diazépine.

Le réarrangement thermique de la structure benzodiazépine en structure benzimidazole est très étudié. Ces réactions constituent parfois un moyen de confirmation structurale des benzodiazépines. Nous citons les deux cas ci- dessous sélectionnés pour leur analogie avec les réactions que nous nous proposons d'étudier dans ce chapitre.

La benzimidazolethiones **78** est obtenue par réarrangement thermique de la structure benzodiazépin-thione **77** au reflux du DMF [30].

77   **78**

Selon un principe relativement proche, le chauffage de la structure thiopyranobenzodiazepin-thione **79** au reflux du butanol conduit après réarrangement à la structure benzimidazolethioe **80** [31].

79   **80**

Connaissant donc l'aptitude des benzodiazépines à se transformer en benzimidazoles, il nous a paru intéressant de poursuivre nos recherches dans ce domaine en préparant de nouveaux composés benzimidazole à partir de la 1,5-benzodiazépin-thione précédemment synthétisées, nous étudierons ensuite l'alkylation de ces deux classes de dérivés.

V.1.REACTION DE REARANGEMENT DES 1,5-BENZODIAZEPIN-THIONE

Les benzodiazépin-thiones de structure **69** ont été portées au reflux du n-butanol

120

pendant 8h. Après refroidissement de la solution, un produit blanc précipite, il est filtré et lavé à l'éthanol, puis recristallisé dans le même solvant.

69   **Schéma V.1**   **81**

Dans le tableau suivant (Tableau V.1), nous résumons les données physiques des composés **81**.

*Tableau V.1: Caractéristiques physiques des composés **81***

Composés **81**	R	n	Rdt (%)	PF (°C)
81a	H	1	75	215-217
81b	CH$_3$	1	80	218-220
81c	Cl	1	78	225-227
81d	H	0	73	222-224
81e	CH3	0	68	228-230
81f	Cl	0	62	232-234

Les dérivés **81** ont ensuite été soumis à une étude spectroscopique détaillé

V.1.1. RMN ^{1}H

Les spectres de résonance magnétique nucléaire (DMSO d$_6$ à 300MHZ) des dérivés **81** présentent deux changements majeurs par rapport à celui du produit de départ (**69**) :

- Le déblindage de l'un des deux signaux relatifs aux groupements NH, de 11ppm dans les produits de départ, il passe aux environs de 13 ppm dans les dérivés **81**.

- La disparition de l'autre signal correspondant au deuxième groupement NH, qui apparaît dans les produits de départ aux environs de 9 ppm et l'apparition d'un signal aux environs de 6.5 ppm d'intensité un proton. Ce dernier pic est compatible avec le proton C$\underline{H}$ en position 3 de l'hétérocycle pyronique.

121

Il faut noter, qu'à ce stade, les données de l'analyse RMN ^{1}H, ne nous permet pas de trancher de façon nette sur les structures obtenues.

Les attributions préliminaires sont présentées sur le schéma suivant (Schéma V.2) pour le dérivé **81a**.

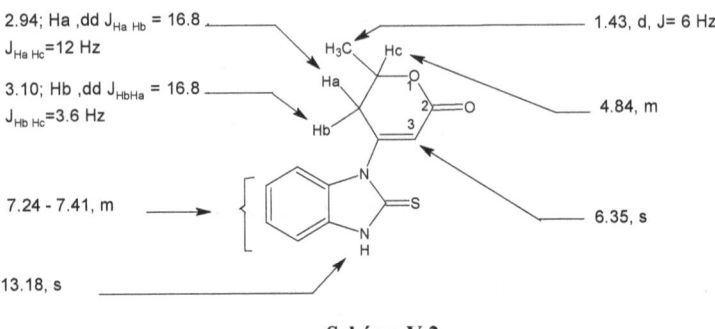

2.94; Ha ,dd $J_{Ha\ Hb}$ = 16.8

$J_{Ha\ Hc}$=12 Hz

3.10; Hb ,dd J_{HbHa} = 16.8

$J_{Hb\ Hc}$=3.6 Hz

7.24 - 7.41, m

13.18, s

1.43, d, J= 6 Hz

4.84, m

6.35, s

Schéma V.2

Nous résumons dans le tableau suivant les donnés de l'analyse RMN ^{1}H pour tous les dérivés **81**.

Tableau V.2: Données de RMN ^{1}H: δ (ppm) (CDCl$_3$ /TMS).

Composés	RMN ^{1}H: δ (ppm) (CDCl$_3$ /TMS)
81a	1.43(d, J= 6 Hz, 3H, CH$_3$), 2.94(dd, J$_{ab}$= 16.8, J$_{ac}$=12 Hz, 1H, CH$_2$), 3.10(dd, J$_{ba}$= 16.8, J$_{bc}$=3.6 Hz, 1H, CH$_2$), 4.84(m, 1H, CH), 6.35(s, 1H, CH), 7.24-7.41(m, 4H, arom), 13.18(s, 1H, NH).
81b	1.43(d, J= 6 Hz, 3H, CH$_3$), 2.37(s, 3H, CH$_3$), 2.93(dd, J$_{ab}$= 16.8, J$_{ac}$=12 Hz, 1H, CH$_2$), 3.16(dd, J$_{ba}$= 16.8, J$_{bc}$=3.6 Hz, 1H, CH$_2$), 4.81(m, 1H, CH), 6.33(s, 1H, CH), 7.02-7.25(m, 3H, arom), 13.00(s, 1H, NH).
81c	1.43(d, J= 6 Hz, 3H, CH$_3$), 2.92(dd, J$_{ab}$= 16.8, J$_{ac}$=12 Hz, 1H, CH$_2$), 3.13(dd, J$_{ba}$= 16.8, J$_{bc}$=3.6 Hz, 1H, CH$_2$), 4.83(m, 1H, CH), 6.36(s, 1H, CH), 7.24-7.39(m, 3H, arom), 13.31(s, 1H, NH).
81d	5.87(s, 2H, CH$_2$), 6.93(s, 1H, CH), 7.24-7.71(m, 4H, arom), 13.49(s, 1H, NH).
81e	2.36(s, 3H, CH$_3$), 5.88(s, 2H, CH$_2$), 6.95(s, 1H, CH), 7.12-7.65(m, 3H, arom), 13.45(s, 1H, NH).
81f	5.89(s, 2H, CH$_2$), 6.95(s, 1H, CH), 7.35-7.85(m, 3H, arom), 13.42(s, 1H, NH).

V.1.2. RMN [13]C

L'examen des résultats, que nous avons obtenus en RMN [13]C (DMSO d_6 à 300 Mhz) tranchent de façon nette sur la structure des composés obtenus, particulièrement par:

L'apparition d'un signal aux environs de 110 ppm relatif au groupement CH en position 3 de l'hétérocycle lactonique.

Le blindage du signal relatif au carbone du groupement C=S, qui passe de 197 ppm dans les structures benzodiazépin-thiones **69** à 168 ppm pour les nouvelles structures. Cette valeur est compatible avec le C=S dans les structures de ce type [32].

Les différents déplacements chimiques relatifs à chaque atome de carbone du composé **81a** sont donnés dans le schéma V.3 suivant :

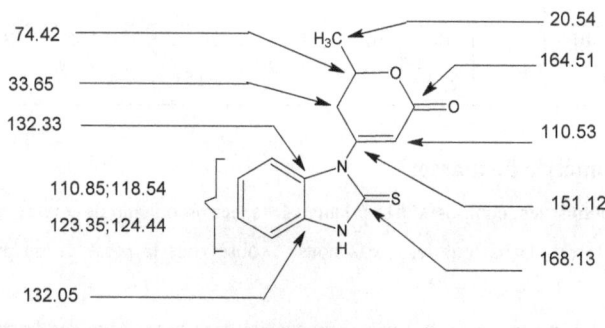

Schéma V.3

Nous résumons les déplacements chimiques des carbones dans les différents composés **81** dans le tableau V.3 suivant:

Tableau V.3: Déplacements chimiques du carbone dans le DMSO d₆ à 300 MHz (ppm).

Composés	$\underline{C}H_3$	$\underline{C}H_2$	$\underline{C}H_{(6)}$	$\underline{C}H_{(3)}$	$\underline{C}=O$	$\underline{C}$arom $+C_4$	$\underline{C}=S$	R
81a	20	33	74	110	164	111, 118, 123, 124, 132, 132.3, 151.	168	/
81b	20	33	74	110	164	111, 118, 124, 130, 132, 134, 151	168	22
81c	20	33	74	110	164	112, 119, 123, 129, 131, 146, 151	168	/
81d	/	70	/	106	169	111, 113, 124, 126, 131, 132, 151	172	/
81e	/	70	/	106	169	111, 113, 125, 128, 131, 135, 151	172	22
81f	/	70	/	106	169	111, 112, 126, 129, 131, 145, 151	172	/

V.1. 3. Spectrométrie de masse:

Nous avons soumis les composés **81** à l'analyse spectroscopique de masse par impact électronique à 70 eV. Dans tous les cas nous observons la présence du pic de l'ion moléculaire

M $^+$. L'étude de ces spectres a montré une homogénéité dans la majorité des fragmentations, bien que le profil d'intensité des ions varie d'un dérivé à un autre. Vu la présence de deux hétérocycles dans les structures **81**, il se dégage plusieurs voies possibles de fragmentation. L'examen des spectres de masse de ces différents composés nous permet de proposer les principaux processus probables de fragmentation pour les dérivés **81a-f** :

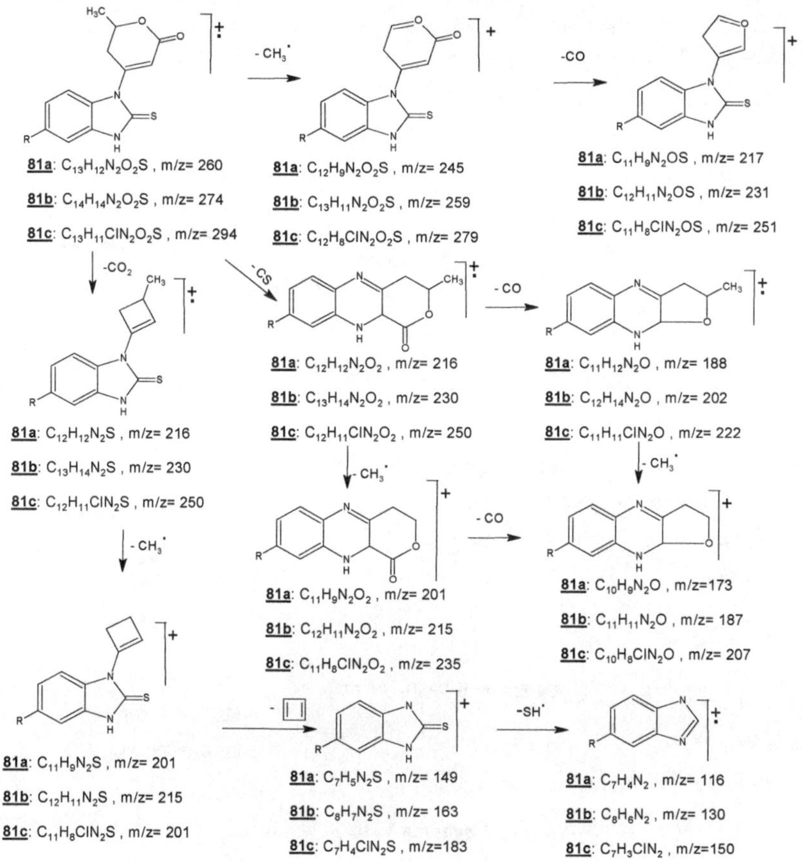

81a: $C_{13}H_{12}N_2O_2S$, m/z= 260

81b: $C_{14}H_{14}N_2O_2S$, m/z= 274

81c: $C_{13}H_{11}ClN_2O_2S$, m/z= 294

81a: $C_{12}H_9N_2O_2S$, m/z= 245

81b: $C_{13}H_{11}N_2O_2S$, m/z= 259

81c: $C_{12}H_8ClN_2O_2S$, m/z= 279

81a: $C_{11}H_9N_2OS$, m/z= 217

81b: $C_{12}H_{11}N_2OS$, m/z= 231

81c: $C_{11}H_8ClN_2OS$, m/z= 251

81a: $C_{12}H_{12}N_2S$, m/z= 216

81b: $C_{13}H_{14}N_2S$, m/z= 230

81c: $C_{12}H_{11}ClN_2S$, m/z= 250

81a: $C_{12}H_{12}N_2O_2$, m/z= 216

81b: $C_{13}H_{14}N_2O_2$, m/z= 230

81c: $C_{12}H_{11}ClN_2O_2$, m/z= 250

81a: $C_{11}H_{12}N_2O$, m/z= 188

81b: $C_{12}H_{14}N_2O$, m/z= 202

81c: $C_{11}H_{11}ClN_2O$, m/z= 222

81a: $C_{11}H_9N_2O_2$, m/z= 201

81b: $C_{12}H_{11}N_2O_2$, m/z= 215

81c: $C_{11}H_8ClN_2O_2$, m/z= 235

81a: $C_{10}H_9N_2O$, m/z=173

81b: $C_{11}H_{11}N_2O$, m/z= 187

81c: $C_{10}H_8ClN_2O$, m/z= 207

81a: $C_{11}H_9N_2S$, m/z= 201

81b: $C_{12}H_{11}N_2S$, m/z= 215

81c: $C_{11}H_8ClN_2S$, m/z= 201

81a: $C_7H_5N_2S$, m/z= 149

81b: $C_8H_7N_2S$, m/z= 163

81c: $C_7H_4ClN_2S$, m/z=183

81a: $C_7H_4N_2$, m/z= 116

81b: $C_8H_6N_2$, m/z= 130

81c: $C_7H_3ClN_2$, m/z=150

Schéma V.4a

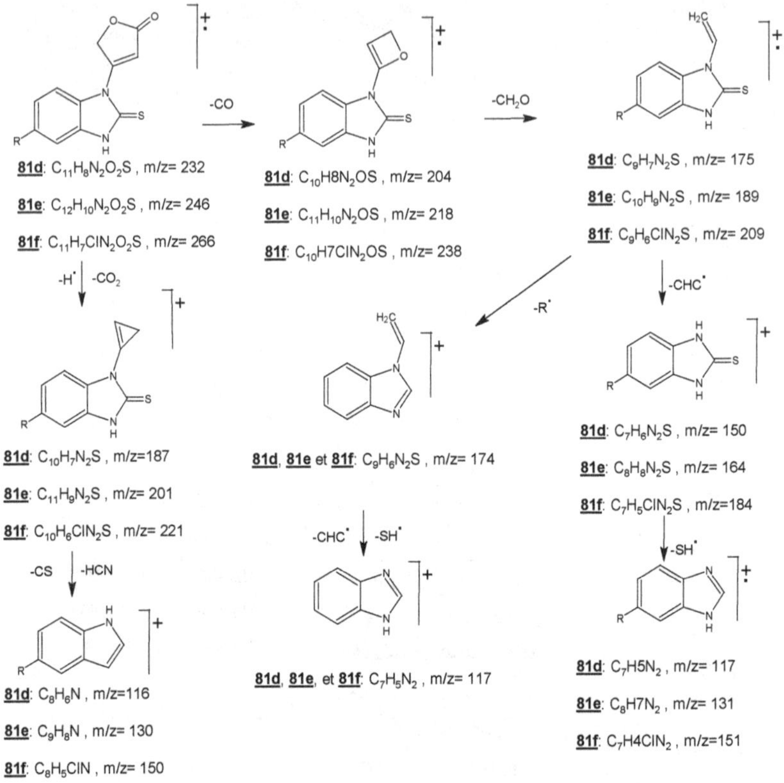

81d: $C_{11}H_8N_2O_2S$, m/z= 232

81e: $C_{12}H_{10}N_2O_2S$, m/z= 246

81f: $C_{11}H_7ClN_2O_2S$, m/z= 266

81d: $C_{10}H8N_2OS$, m/z= 204

81e: $C_{11}H_{10}N_2OS$, m/z= 218

81f: $C_{10}H7ClN_2OS$, m/z= 238

81d: $C_9H_7N_2S$, m/z= 175

81e: $C_{10}H_9N_2S$, m/z= 189

81f: $C_9H_6ClN_2S$, m/z= 209

81d: $C_{10}H_7N_2S$, m/z=187

81e: $C_{11}H_9N_2S$, m/z= 201

81f: $C_{10}H_6ClN_2S$, m/z= 221

81d, 81e et 81f: $C_9H_8N_2S$, m/z= 174

81d: $C_7H_6N_2S$, m/z= 150

81e: $C_8H_8N_2S$, m/z= 164

81f: $C_7H_5ClN_2S$, m/z=184

81d: C_8H_6N, m/z=116

81e: C_9H_8N, m/z= 130

81f: C_8H_5ClN, m/z= 150

81d, 81e, et 81f: $C_7H_5N_2$, m/z= 117

81d: C_7H5N_2, m/z= 117

81e: C_8H7N_2, m/z= 131

81f: C_7H4ClN_2, m/z=151

Schéma V.4b

V.1. 4. Résultats de l'étude structurale par RX du dérivé 81a

La recristallisation du dérivé **81a** dans un mélange butanol-éthanol (50%), a permis l'obtention de monocristaux. L'analyse radiocristallographique RX donne la structure suivante:

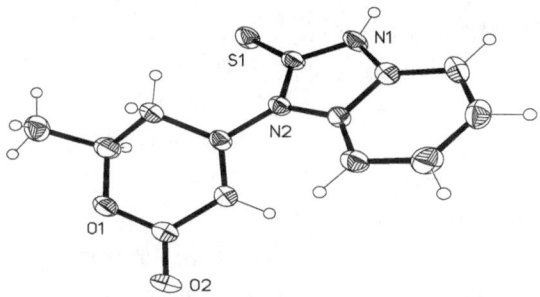

Figure.V.1:ORTEP du dérivé **81a** (6-methyl-4-(*2-thioxo-2,3-di*hydro-1H-benzimidazol-1-yl)-4,5-dihydro-2H-pyran-2-one) donnant les labels des atomes et leurs ellipsoïdes d'agitation thermique.

Tableau V.4 : Données cristallographiques, conditions d'enregistrement et d'affinement pour **81a**.

Formule chimique	C13H12N2O2S
Masse molaire	260.31
Température	173(2) K
Longueur d'onde	0.71073 A°
Système cristallin	Triclinic
Groupe d'espace	P-1
Dimensions de la maille	a=7.3216(18)A° α=82.651(5)°.
	b= 7.6019(19)A° β=88.220(5)°.
	c=10.927(3)A° γ=81.606(11)°.
Volume	596.7(14)A°^{3}
Z	2
Densité (calculé)	1.449 Mg/m^3
Coefficient d'absorption	0.266 mm-1
F(000)	272
Taille du crystal	0.2x 0.3x 0.4 mm3
Domaine angulaire	1.88 to 26.42°.
Indices limites	-8<=h<=9,-8<=k<=9,-9<=l<=13
Reflations mesurées	3505

Reflations indépendante	2404[R(int)=0.0184]
Completeness to theta =21.73°	98.0 %
Absorption correction	Semi-empirical
θmax- θ min	1.000000 and 0.699239
Méthode d'affinement	Full- matrix least-squares on F^2
Données / contraintes / paramètres	2404/ 0 / 164
Estimée de la variance (Gof)	1.033
R1, wR1 [I>2σ(I)]	R1=0.0444, wR2=0.01047
R1, wR1 (toutes les données)	R1=0.0687, wR2=0.1172
Densité électronique résiduelles	0.307 and -0.247 e.A^{o-3}

V.1.5. Discussion sur le mécanisme de la réaction

Sur la base de ces résultats nous proposons le mécanisme ci-dessous :

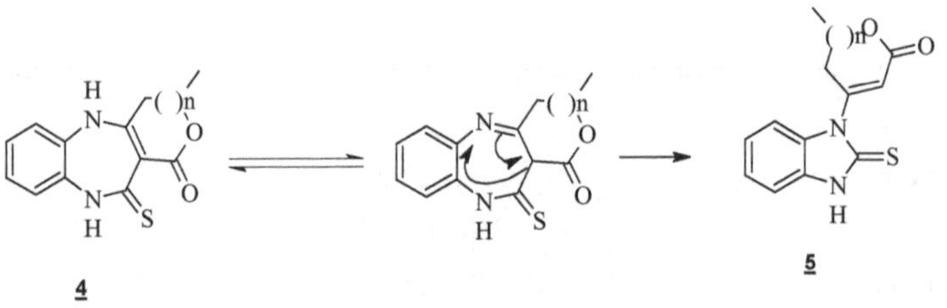

Schéma V.5

La réaction observée correspond à un réarrangement sigmatropique de type -1,3, déjà observé dans le cas des 1,5-benzodiazépine-thiones possédants sur le carbone en position α de la fonction thione, au moins un hydrogène [21,22].

V.2. REACTONS D'ALKYLATION DES DERIVES DE STRUCTURE BENZODIAZEPIN-THIONE ET BENZIMIDAZOLE-THIONE

Parmi les nombreuses réactions appliquées aux structures benzodiazépine et benzimidazole, les réactions d'alkylations [33-35] ont particulièrement été citées. Ce choix a été souvent motivé par les propriétés pharmacologiques potentielles susceptibles d'être engendrées par de telles transformations [36]. En effet, il a été montré [34] que l'alkylation, dans des conditions définies, de quelques benzodiazépines et benzimidazoles présentant la fonction

128

thione induisait certaines propriétés biologiques recherchées lorsque l'alkylation s'opérait sur l'atome de soufre. Partant de cette idée, nous avons choisi de mettre en œuvre des réactions d'alkylation que nous avons appliqué aux deux structures synthétisées dans le cadre de ce travail, la 1.5-benzodiazépin-thione et la benzimidazole-thione.

Les structures 2 -alkylthiobenzimidazoles substitué sur le soufre couvrent une large gamme d'activités [36-41]. De nos jours, plusieurs structures 2 -alkylthiobenzimidazoles sont employées couramment comme inhibiteurs de la pompe à protons (IPP). Ces médicaments (anti-ulcéreux) sont utilisés pour diminuer la quantité d'acide produit dans l'estomac [42,43].

D'autres dérivés de structures alkylthiobenzimidazoles (structure **82** et **83** ci-dessous) présentent une activité anti-virale (anti-HIV) [44].

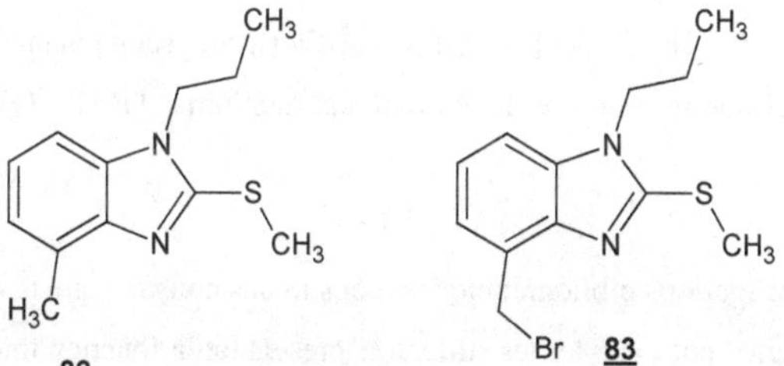

82   **83**

Une autre série de structure alkylthiobenzimidazole **84** a montrée une activité contre la bactérie helicobacter pylori, responsable du cancer gastrique [45].

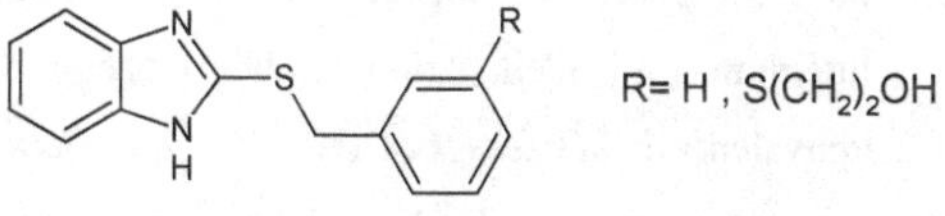

R= H , S(CH$_2$)$_2$OH

84

Dans une étude publiée en 2006 [46], les auteurs indiquent que certains dérivés de la structure N- aryl alkylthioimidazole **85**, ont montré une activité antimicrobienne supérieure à celle de l'ampicilline.

R= H, 4-CH$_3$, 2-CH$_3$, 4-OCH$_3$, 3-Cl, 2,6-Cl$_2$, 3,4-Cl$_2$

85

Les réactions d'alkylation sont effectuées généralement selon deux techniques :

1°) Alkylation classique: les réactions se font dans un solvant organique sans catalyseur lorsque la réactivité des molécules en interaction est suffisante [47], le cas échéant, l'utilisation d'une base (NaH, NaOH, NaNH$_2$, KOH....) est indispensable.

2°) Alkylation en catalyse par transfert de phase (CTP) : cette méthode se base sur l'utilisation de deux phases liquides non miscibles, une phase organique (en générale un solvant aprotique : l'acétonitrile, le benzène, le toluène, le dichlorométhane ....) et une autre aqueuse (solution basique de KI, KOH ou KF.....) [48] en présence d'un catalyseur jouant le rôle d'agent de transfert de phase (tel que le bromure de tétrabutylammonium : TBAB, TBAI ou TBAHSO$_4$) [49].

Au cours de nos investigations bibliographiques, nous avons constaté que la deuxième méthode (CTP) est la plus adaptée pour alkyler les structures présentant la fonction thione [48, 49] ; c'est pourquoi, nous avons opté pour cette méthode.

V.2.1.Réactions d'Alkylation de quelque Dérivés de Structure 1,5-Benzodiazépin-thione:

Pour préparer différents composés 1,5-benzodiaépine S-alkylés, nous avons repris les conditions décrites dans la littérature [49]. L'alkylation des benzodiaépin-thiones se fait dans l'acétone en présence de 2 équivalents de la base Na$_2$CO$_3$, d'un équivalent de l'agent alkylant approprié et d'une quantité catalytique du bromure de tertiobutyle ammonium (TBAB). Après deux heures d'agitation à température ambiante, le sel obtenu est filtré. Le résidu obtenu après évaporation de l'acétone, est repris dans un mélange de chloroforme-eau. La phase aqueuse a été extraite plusieurs fois avec le chloroforme. Les extraits, après avoir été séchés sur Na$_2$SO$_4$, sont évaporés. Le résidu ainsi obtenu est dissous dans le minimum d'éthanol pour donner un précipité, qui a été filtré et lavé avec de l'eau puis recristallisé dans l'éthanol.

69   **Schéma V.6**   **86**

Les dérivés **86** ainsi obtenus sont soumis à une étude spectroscopique détaillée. Nous résumons dans le tableau V.5 les données physiques de ces composés.

*Tableau V.5 : Caractéristiques physiques des composés **86***

Composés **86**	R	R_1	Rdt (%)	PF (°C)
86a	H	CH_3	80	178-180
86b	H	CH_2CH_3	76	190-192
86c	H	CH_2CCH	63	185-187
86d	CH_3	CH_3	55	197-199
86e	CH_3	CH_2CH_3	60	202-204

Analyse spectroscopique:

V.2.1.1. RMN ^1H

L'examen des spectres RMN ^1H des structures **86** indique particulièrement :

-La disparition du singulet équivalent à 1 proton, aux environs de 11.00 ppm dans les produits de départ attribuable au groupe N*H* en position α de la fonction thiocarbonyle.

-La présence des signaux habituellement observés sur les spectres des produits de départ tels que le doublet à δ: 1.25 ppm (CH_3), le doublet dédoublet au environs de δ: 2.60 ppm (CH_2), le deux multiplets à δ : 4.50 d'intensité un proton chacun (CH) et celui aux environs de δ: 7.33-8.13 correspondant aux protons aromatiques.

-L'apparition des signaux relatifs aux protons du groupement S-R nouvellement introduit.

A titre d'exemple, nous donnons dans le schéma suivant les différents déplacements chimiques du dérivé **86b**.

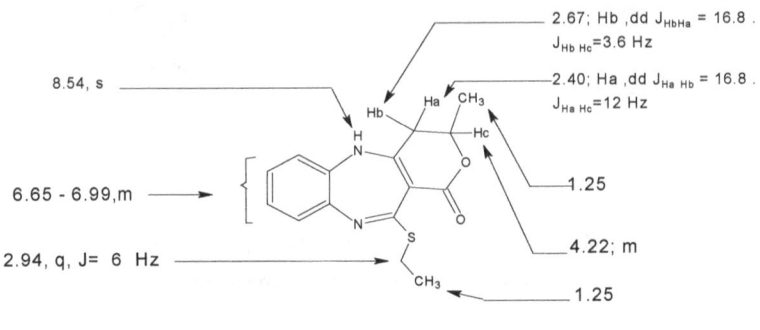

8.54, s

6.65 - 6.99,m

2.94, q, J= 6 Hz

2.67; Hb ,dd J_{HbHa} = 16.8 .
$J_{Hb\,Hc}$=3.6 Hz

2.40; Ha ,dd $J_{Ha\,Hb}$ = 16.8 .
$J_{Ha\,Hc}$=12 Hz

1.25

4.22; m

1.25

Schéma V.7

Tbleau V.6 : Caractéristiques spectrales RMN ^1H des dérivés 86.

Pdts 86	R	R1	RMN ^{1}H(DMSO /TMS)
86a	H	CH$_3$	1.27(d, J= 6 Hz, 3H, CH$_3$), 2.35(s, 3H, CH$_3$), 2.42-2.62(dd, masqué par le signal du DMSO, 2H, CH$_2$), 4.25 (m, 1H, CH), 6.46-6.98(m, 4H, arom), 8.57(s, 1H, NH).
86b	H	CH$_2$CH$_3$	1.23(d +t, , 6H, 2CH$_3$), 2.34-2.68(dd, masqué par le signal du DMSO, 2H, CH$_2$), 2.94 (m, 2H, CH$_2$), 4.20 (m, 1H, CH), 6.65-6.99(m, 4H, arom), 8.54(s, 1H, NH).
86c	H	CH$_2$CCH	1.25(d, J= 6 Hz, 3H, CH$_3$), 2.20-2.70(dd +t, masqué par le signal du DMSO, 3H, CH$_2$+ CH), 3.80(d, J= 2.2 Hz, 2H, CH$_2$), 4.25 (m, 1H, CH), 6.65-7.26(m, 4H, arom), 8.70(s, 1H, NH)
86d	CH$_3$	CH$_3$	1.26(d, J= 6 Hz, 3H, CH$_3$), 2.16(s, 3H, CH$_3$), 2.33(s, 3H, CH$_3$), 2.35-2.65(dd, masqué par le signal du DMSO, 2H, CH$_2$), 4.20 (m, 1H, CH), 6.47-6.76(m, 4H, arom), 8.52(s, 1H, NH).
86e	CH$_3$	CH$_2$CH$_3$	1.25(d +t, , 6H, 2CH$_3$), 2.54(s, 3H, CH$_3$), 2.18-2.57(dd, masqué par le signal du DMSO, 2H, CH$_2$), 3.49(q, 2H, CH$_2$), 4.30(m, 1H, CH), 7.28-7.88(m, 4H, arom), 8.50(s, 1H, NH).

V.2.1.2.RMN ^{13}C

L'analyse des spectres de RMN ^{13}C de ces composés est basée essentiellement sur les observations suivantes :

132

- la disparition du signal de la fonction thiocarbonyle qui apparaît habituellement au environs de 197 ppm dans les dérivés benzodiazépin-thiones et l'apparition d'un nouveau signal au environs de 169 ppm attribuable aux carbones de fonction N=$\underline{C}$-S-R.

- l'apparition des signaux dûs aux carbones du groupement alkyle introduit dans la structure. Nous représentons les éléments du composé **86b** sur le schéma V.8

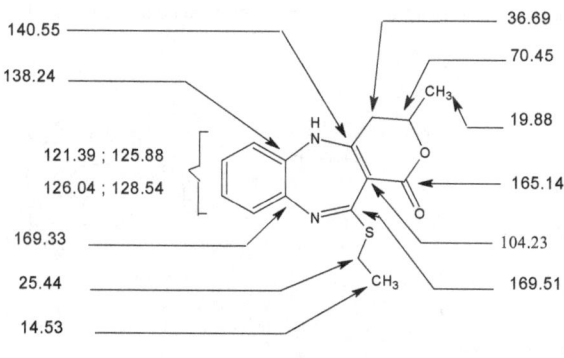

Schéma V.8

Sur la base des données relevées sur les spectres de RMN ^{13}C, nous reportons les différents δppm des dérivés **86** dans le tableau V.7 suivant:

Tableau V.7: Déplacements chimiques du carbone dans le CDCl₃ à 300 MHz (ppm).

Com	$\underline{C}$H₃	$\underline{C}$H₂	$\underline{C}$H₍₆₎	$\underline{C}$=O	$\underline{C}$Harom	$\underline{C}$	$\underline{C}$-S	S-R1	R
86a	20	36	70	165	121, 126, 126, 128,	104, 138, 140	169	14.56	/
86b	20	36	70	165	121, 125, 126, 133, 128	104, 138, 140	169	14.5, 25(CH₂)	/
86c	20	37	70	165	121, 126, 127, 129	103, 138, 140, 149	170	19, 73(CH), 81(C)	/
86d	20	36	70	165	120, 125, 128	102, 134, 140, 148	169	14	19
86e	20.4	37	70	165	121, 126,129	103, 135, 140	169	15.4	19.8

133

V.2.1.3.Spectrométrie de masse:

La structure de monoalkylation a été confirmée sans ambiguïté par la présence de l'ion moléculaire M^+. Par ailleurs, les spectres de masse donnent plusieurs indications spécifiques aux dérivés soufrés [32] (sulfure secondaire) telles que:

-la présence dans tous les spectres des dérivés **86** d'un pic à M+2 avec une abondance $\geq$ à 4.5 % due à l'isotope du soufre ^{34}S.

-La fragmentation dans le cas de **86b** s'entame par un clivage connu pour les structures de type R_1-X-R_2 (X= O, S).

-La perte du fragment 33 (SH˙) est une autre caractéristique des sulfures secondaires [32], que nous avons observés sur les spectres de masse de ces dérivés.

- L'élimination d'une molécule de CO_2, est la première étape dans la troisième voie qui caractérise la fragmentation de l'hétérocycle pyronique. Nous avons, par ailleurs, constaté la formation de l'ion benzimidazole qu'on retrouve généralement dans les spectres de masse des benzodiazépines.

Sur la base des données relevées sur les spectres de masse de ces différents composés, nous proposons les principaux processus probables de fragmentation dans le schéma V.9 ci-dessous:

86b: $C_{11}H_{10}N$: m/z=156

86e: $C_{12}H_{12}N$: m/z=170

86b: C_8H_6N : m/z=116

86e: C_9H_8N : m/z=130

86a: $C_{14}H_{11}N_2O$: m/z=223

86b: $C_{15}H_{13}N_2O$: m/z=237

86c: $C_{16}H_{11}N_2O$: m/z=247

86d: $C_{15}H_{13}N_2O$: m/z=237

86e: $C_{16}H_{15}N_2O$: m/z=251

86a: $C_{11}H_{10}N_2$: m/z=170

86b: $C_{12}H_{12}N_2$: m/z=184

86c: $C_{16}H_{10}N_2$: m/z=194

86d: $C_{12}H_{12}N_2$: m/z=184

86e: $C_{13}H_{14}N_2$: m/z=198

86b: $C_{12}H_{11}NO_2$: m/z=200

86e: $C_{13}H_{13}NO_2$: m/z=214

86a: $C_{14}H_{13}N_2O_2$: m/z=241

86b: $C_{15}H_{15}N_2O_2$: m/z=255

86c: $C_{16}H_{13}N_2O_2$: m/z=265

86d: $C_{15}H_{16}N_2O_2$: m/z=255

86e: $C_{16}H_{17}N_2O_2$: m/z=269

86a: $C_8H_7N_2$: m/z=131

86b: $C_9H_9N_2$: m/z=145

86c: $C_{10}H_7N_2$: m/z=155

86d: $C_9H_9N_2$: m/z=145

86e: $C_{10}H_{11}N_2$: m/z=159

86b: $C_{13}H_{12}N_2O_2$: m/z=227

86e: $C_{14}H_{14}N_2O_2$: m/z=241

86b: $C_{13}H_{12}N_2O_2S$: m/z=260

86e: $C_{14}H_{14}N_2O_2S$: m/z=274

86a: $C_{14}H_{14}N_2O_2S$: m/z=274

86b: $C_{15}H_{16}N_2O_2S$: m/z=288

86c: $C_{16}H_{18}N_2O_2S$: m/z=302

86d: $C_{15}H_{16}N_2O_2S$: m/z=288

86e: $C_{16}H_{14}N_2O_2S$: m/z=298

86a: $C_{13}H_{14}N_2S$: m/z=230

86b: $C_{14}H_{16}N_2S$: m/z=244

86c: $C_{15}H_{14}N_2S$: m/z=258

86d: $C_{14}H_{16}N_2S$: m/z=244

86e: $C_{15}H_{14}N_2S$: m/z=254

86a, **86b** et **86c**: $C_7H_5N_2$; m/z=117

86d et **86e**: $C_8H_{17}N_2$; m/z=132

86a, **86b** et **86c**: $C_9H_8N_2$; m/z=142

86d et **86e**: $C_{10}H_8N_2$; m/z=156

86a, **86b** et **86c** : $C_{12}H_{11}N_2$; m/z=183

86d et **86e** : $C_{13}H_{13}N_2$; m/z=198

. Schéma V.9

V.2.1.4.Résultats de l'étude structurale par RX du dérivé 86b

La recristallisation du dérivé **86b** dans l'éthanol, a permis l'obtention de monocristaux. L'analyse radiocristallographique RX donne la structure suivante qui confirme sans ambiguïté les résultats spectroscopiques.

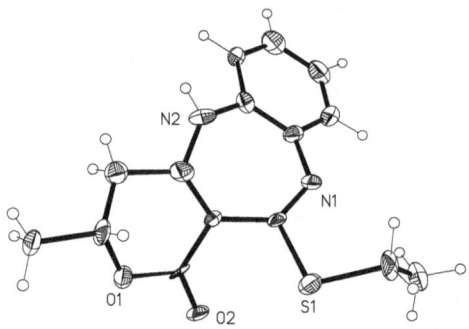

Figure.V.2:ORTEP du dérivé **86b** (11-(ethylthio)-3-methyl-4,5-dihydropyrano[4,3-b][1,5]benzodiazepin-1(3H)-one) donnant les labels des atomes et leurs ellipsoïdes d'agitation thermique.

Tableau V.8. Données cristallographiques, conditions d'enregistrement et d'affinement pour le dérivé **86b**

Formule chimique	C15H16N2O2S
Masse molaire	288.36
Température	173(2) K
Longueur d'onde	0.71073 A^q
Système cristallin	Triclinic
Groupe d'espace	P-1
Dimensions de la maille	a=7.149(4)A° α=76.255(10)°.
	b= 12.646(7)A° β=80.685(13)°.
	c=16.192(9)A° γ=87.988(11)°.
Volume	1403.3(14)A^{o3}
Z	4
Densité (calculée)	1.365 Mg/m^3
coefficient d'absorption	0.233 mm-1
F(000)	608
Taille du crystale	0.05x 0.1x 0.1 mm3
Domaine angulaire	5.10 to 21.73°.
Indices limites	-7<=h<=7,-12<=k<=13,-16<=l<=16
Reflations mesurées	5400

Reflations indépendante	3275[R(int)=0.2001]
Completeness to theta =21.73°	98.2 %
Absorption correction	None
Méthode de raffinement	Full- matrix least-squares on F^2
Données / contraintes / paramètres	3275/ 106/ 365
Estimée de la variance (Gof)	0.804
R1, wR1 [I>2σ(I)]	R1=0.0689, wR2=0.0813
R1, wR1 (toutes les données)	R1=0.2557, wR2=0.1238
Densité électronique résiduelles	0.267 and -0.272 e.A^{o-3}

V.2.2. Réactions de méthylation de quelque Dérivés de Structure Benzimidazole-thione:

Nous avons utilisé ici le même protocole que celui qui a permis l'obtention des 1,5-benzodiazépine S-alkylés (**86**), précédemment décrit. Après traitement et purification, les structures souhaitées sont obtenues avec de bons rendements (72-85 %)

81 Schéma V.10 **87**

La structure des composés **87** a été élucidée sur la base des données spectrales de RMN ^{1}H, ^{13}C, de masse et en radiocristallographie. Nous résumons les données physiques des composés **87** dans le tableau ci-dessous.

*Tableau V.9 : Caractéristiques physiques des composés **87***

Composés **87**	R	n	Rdt (%)	PF (°C)
87a	H	1	85	142-144
87b	CH$_3$	1	72	149-151
87c	Cl	1	77	167-169
87d	H	0	79	155-157
87e	CH$_3$	0	75	162-164
87f	Cl	0	68	170-172

Caractérisation spectroscopique des dérivés 87:

V.2.2.1. RMN ^{1}H

Les spectres de RMN ^{1}H des dérivés **87** mettent en évidence, les signaux caractéristiques des groupes habituellement observés pour la structure de départ en plus d'un signal singulet d'intensité trois protons, confirmant l'obtention des dérivés méthylés. L'absence du signal relatif au groupe NH qui apparaît dans les benzimidazolethione aux environs de 13 ppm conforte la réalisation de la réaction d'alkylation sur le soufre.

Les différents déplacements chimiques relatifs à chaque atome d'hydrogène du composé **87a** sont donnés sur le schéma V.11 suivant :

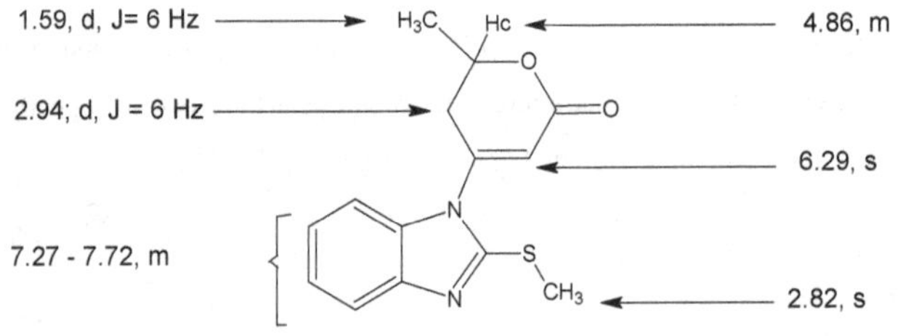

Schéma V.11

Nous résumons dans le tableau V.10 suivant les donnés de l'analyse RMN ^{1}H pour les dérivés **87**.

Tableau V.10: Données de RMN ^{1}H: δ (ppm) (CDCl$_3$ /TMS).

Composés	RMN ^{1}H: *δ (ppm)* (CDCl$_3$ /TMS)
87a	1.59(d, J= 6 Hz, 3H, CH$_3$), 2.82 (s, 3H, CH$_3$), 2.94(m, 2H, CH$_2$), 4.86(m, 1H, CH), 6.29(s, 1H, CH), 7.27-7.72(m, 4H, arom).
87b	1.58(d, J= 6 Hz, 3H, CH$_3$), 2.47 (s, 3H, CH$_3$), 2.84 (s, 3H, CH$_3$), 2.93(m, 2H, CH$_2$), 4.83(m, 1H, CH), 6.27(s, 1H, CH), 7.07-7.52(m, 3H, arom).
87c	1.59(d, J= 6 Hz, 3H, CH$_3$), 2.82 (s, 3H, CH$_3$), 2.91(m, 2H, CH$_2$), 4.83(m, 1H, CH), 6.27(s, 1H, CH), 7.21-7.68(m, 4H, arom).
87d	2.83 (s, 3H, CH$_3$), 5.88(s, 2H, CH$_2$), 6.94(s, 1H, CH), 7.26-7.73(m, 4H, arom).
87e	2.35(s, 3H, CH$_3$), 2.82 (s, 3H, CH$_3$), 5.86(s, 2H, CH$_2$), 6.93(s, 1H, CH), 7.15-7.69(m, 3H, arom).
87f	2.82 (s, 3H, CH$_3$), 5.89(s, 2H, CH$_2$), 6.95(s, 1H, CH), 7.32-7.87(m, 3H, arom).

V.2.2.2.RMN ^{13}C

L'examen des résultats, que nous avons obtenus en RMN ^{13}C, en Jmodulé, (CDCl₃ à 300 Mhz) pour les dérivés **87**, confirment la structure des composés obtenus, particulièrement par:

-l'absence du signal relatif au carbone du groupe C=S, qui apparaît dans les produits de départ aux environs de 168 ppm. Cette observation atteste de l'engagement de ce dernier dans les réactions d'alkylation.

-la présence d'un nouveau groupement méthyle (CH₃) est mise en évidence par un signal aux environs de 15 ppm.

-l'apparition d'un signal aux environs de 152 ppm attribuable au carbone du groupement imidothioalkyle (N=$\underline{C}$-S-CH₃).

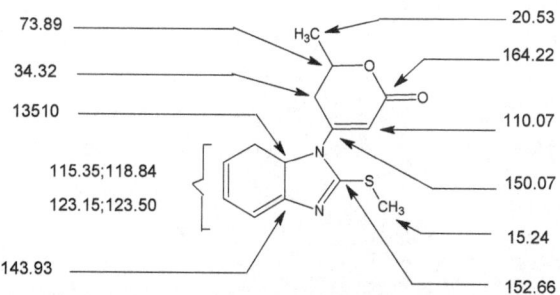

Schéma V.12 : δ ppm du dérivé 87a

Tableau V.11: Déplacements chimiques des différents carbones (CDCl₃ à 300 MHz).

Com	$\underline{C}$H₃	$\underline{C}$H₂	$\underline{C}$H₍₆₎	$\underline{C}$H₍₃₎	$\underline{C}$=O	$\underline{C}$arom	C₄	$\underline{C}$-S	S-$\underline{C}$H₃	R
87a	20.5	34.3	73.9	110.1	164.2	115, 119, 123, 124, 135, 144	150.0	152.2	15.2	/
87b	20.5	34.3	73.8	109.7	164.2	115, 118, 124, 133, 134, 143	149.1	152.0	15.4	21.4
87c	20.5	34.2	73.8	110.6	163.9	116, 119, 123, 129, 133, 145	148.8	153.8	15.2	/
87d	/	70.3	/	106.8	169.6	115, 118, 124, 125, 134, 138	149.7	154.5	15.3	/
87e	/	70.5	/	106.6	169.5	116, 119, 125, 128, 134, 140	149.5	153.7	15.4	21.3
87f	/	70.2	/	106.7	169.2	115, 118, 126, 130, 138, 151	149.9	155.3	15.2	/

V.2.2.3.Spectrométrie de masse:

Les résultats précédents sont confirmés par l'examen des spectres de masse des dérivés **87**, pris en mode I.E à 70 eV. En effet, on note, en particulier, la présence sur chaque spectre du pic moléculaire M^+.

Malgré l'analogie structurale entre les deux structures benzodiazépin-2-thione alkylés et benzimidazoles alkylés, nous avons constaté une différence dans le mode de fragmentation particulièrement au début du processus.

Les principales voies de fragmentation probables de ces hétérocycles sont données dans les schémas ci-dessous:

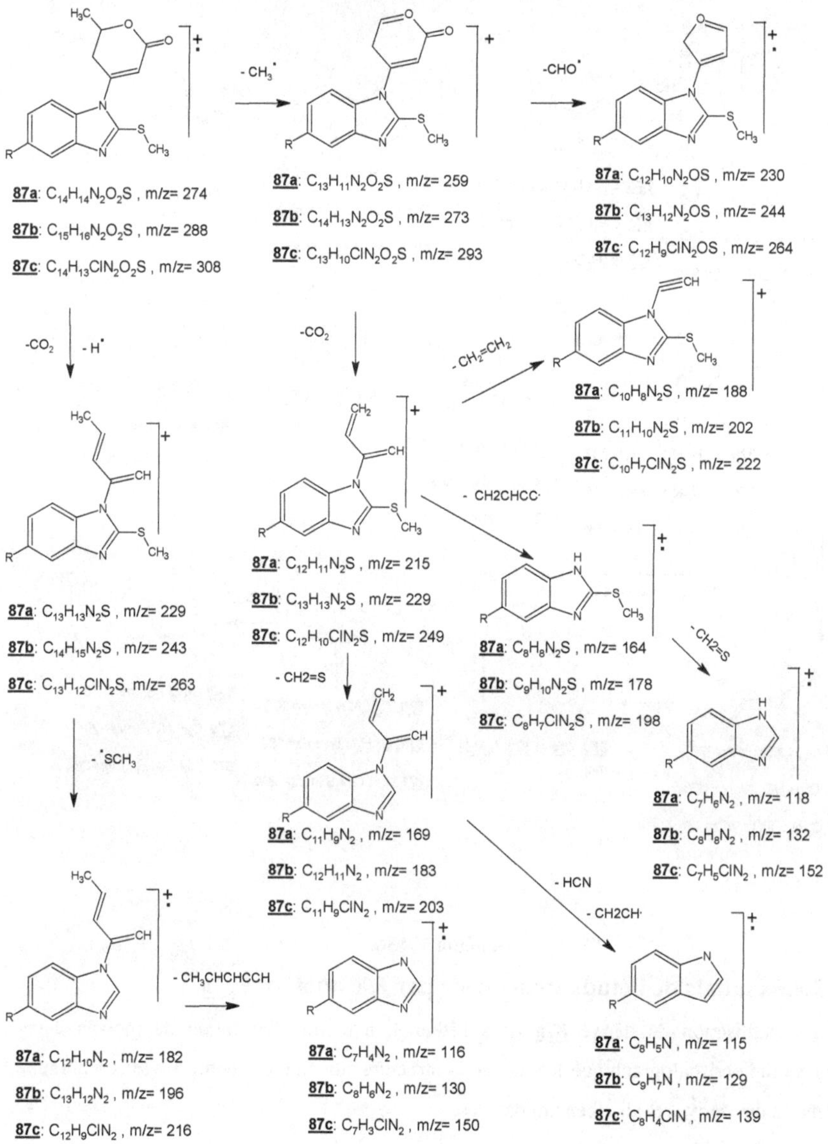

87a: $C_{14}H_{14}N_2O_2S$, m/z= 274

87b: $C_{15}H_{16}N_2O_2S$, m/z= 288

87c: $C_{14}H_{13}ClN_2O_2S$, m/z= 308

87a: $C_{13}H_{11}N_2O_2S$, m/z= 259

87b: $C_{14}H_{13}N_2O_2S$, m/z= 273

87c: $C_{13}H_{10}ClN_2O_2S$, m/z= 293

87a: $C_{12}H_{10}N_2OS$, m/z= 230

87b: $C_{13}H_{12}N_2OS$, m/z= 244

87c: $C_{12}H_9ClN_2OS$, m/z= 264

87a: $C_{10}H_8N_2S$, m/z= 188

87b: $C_{11}H_{10}N_2S$, m/z= 202

87c: $C_{10}H_7ClN_2S$, m/z= 222

87a: $C_{13}H_{13}N_2S$, m/z= 229

87b: $C_{14}H_{15}N_2S$, m/z= 243

87c: $C_{13}H_{12}ClN_2S$, m/z= 263

87a: $C_{12}H_{11}N_2S$, m/z= 215

87b: $C_{13}H_{13}N_2S$, m/z= 229

87c: $C_{12}H_{10}ClN_2S$, m/z= 249

87a: $C_8H_8N_2S$, m/z= 164

87b: $C_9H_{10}N_2S$, m/z= 178

87c: $C_8H_7ClN_2S$, m/z= 198

87a: $C_7H_6N_2$, m/z= 118

87b: $C_8H_8N_2$, m/z= 132

87c: $C_7H_5ClN_2$, m/z= 152

87a: $C_{11}H_6N_2$, m/z= 169

87b: $C_{12}H_{11}N_2$, m/z= 183

87c: $C_{11}H_9ClN_2$, m/z= 203

87a: $C_{12}H_{10}N_2$, m/z= 182

87b: $C_{13}H_{12}N_2$, m/z= 196

87c: $C_{12}H_9ClN_2$, m/z= 216

87a: $C_7H_4N_2$, m/z= 116

87b: $C_8H_6N_2$, m/z= 130

87c: $C_7H_3ClN_2$, m/z= 150

87a: C_8H_5N , m/z= 115

87b: C_9H_7N , m/z= 129

87c: C_8H_4ClN , m/z= 139

Schéma V.13a

141

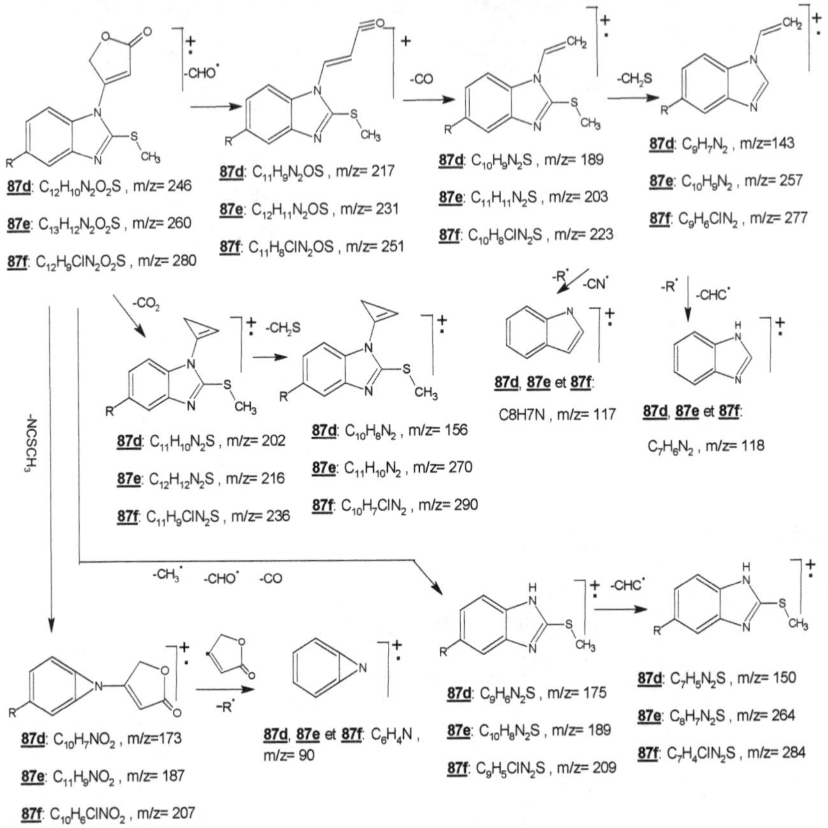

87d: C₁₂H₁₀N₂O₂S , m/z= 246

87e: C₁₃H₁₂N₂O₂S , m/z= 260

87f: C₁₂H₉ClN₂O₂S , m/z= 280

87d: C₁₁H₉N₂OS , m/z= 217

87e: C₁₂H₁₁N₂OS , m/z= 231

87f: C₁₁H₈ClN₂OS , m/z= 251

87d: C₁₀H₉N₂S , m/z= 189

87e: C₁₁H₁₁N₂S , m/z= 203

87f: C₁₀H₈ClN₂S , m/z= 223

87d: C₉H₇N₂ , m/z=143

87e: C₁₀H₉N₂ , m/z= 257

87f: C₉H₆ClN₂ , m/z= 277

87d: C₁₁H₁₀N₂S , m/z= 202

87e: C₁₂H₁₂N₂S , m/z= 216

87f: C₁₁H₉ClN₂S , m/z= 236

87d: C₁₀H₈N₂ , m/z= 156

87e: C₁₁H₁₀N₂ , m/z= 270

87f: C₁₀H₇ClN₂ , m/z= 290

87d, **87e** et **87f**:
C8H7N , m/z= 117

87d, **87e** et **87f**:
C₇H₆N₂ , m/z= 118

87d: C₁₀H₇NO₂ , m/z=173

87e: C₁₁H₉NO₂ , m/z= 187

87f: C₁₀H₆ClNO₂ , m/z= 207

87d, **87e** et **87f**: C₆H₄N ,
m/z= 90

87d: C₉H₈N₂S , m/z= 175

87e: C₁₀H₈N₂S , m/z= 189

87f: C₉H₅ClN₂S , m/z= 209

87d: C₇H₅N₂S , m/z= 150

87e: C₈H₇N₂S , m/z= 264

87f: C₇H₄ClN₂S , m/z= 284

Schéma V.13b

V.2.2.4.Résultats de l'étude structurale par RX du dérivé 87a

La recristallisation du dérivé **87a** dans l'éthanol, a permis l'obtention de monocristaux. L'analyse radiocristallographique RX donne la structure suivante qui confirme sans ambiguïté l'obtention des dérivés S-alkylbenzimidazoles.

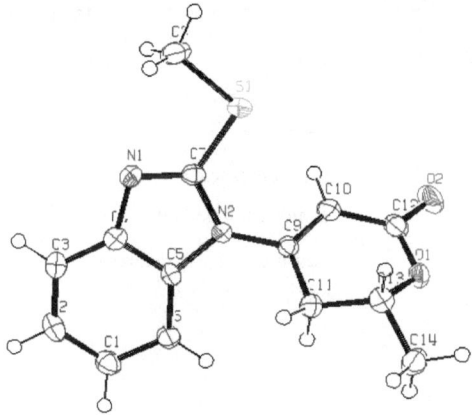

FigureV.3:ORTEP du dérivé **87a** (6-methyl-4-[2-(methylthio)-1*H*-benzimidazol-1-yl]-5,6-dihydro-2*H*-pyran-2-one) donnant les labels des atomes et leurs ellipsoïdes d'agitation thermique.

Tableau V.12. Données cristallographiques, conditions d'enregistrement et d'affinement pour le dérivé **87a**.

Formule chimique	$C_{14} H_{14} N_2 O_2 S$	
Masse molaire (g.mol^{-1})	274.33	
Température	173(2) K	
Longueur d'onde	0.71073 Å	
Système cristallin	Orthorhombic	
Formule chimique	Pbca	
Paramètres de la maille	a = 7.6390(5) Å	a= 90°.
	b = 16.9006(12) Å	b= 90°.
	c = 20.2811(14) Å	g = 90°.
Volume	2618.4(3) Å^3	
Z	8	
Densité calculée	1.392 Mg/m^3	
Coefficient d'absorption	0.246 mm^{-1}	
F(000)	1152	
Taille du crystale	0.2 x 0.3 x 0.4 mm^3	

Domaine angulaire	2.41 to 26.37°.
Indices limites	-4<=h<=9, -21<=k<=21, -25<=l<=25
Reflations mesurées	14037
Reflations indépendantes	2670 [R(int) = 0.0614]
Completeness to theta = 26.37°	99.9 %
Absorption correction	Semi-empirical
θmax- θ min.	1.000000 -0.632140
Méthode d'affinement	Full-matrix least-squares on F^2
Données / contraintes / paramètres	2670 / 0 / 174
Estimée de la variance (Gof)	1.045
R1, wR1 [I>2σ(I)]	0.0439, 0.1046
R1, wR1 (toutes les données)	0.0650, 0.1147
Densité électronique résiduelles	0.442 et -0.363 e.Å^{-3}

CONCLUSION

Les modifications structurales opérées sur les benzodiazépin-2-thiones par le biais de réactions thermiques de type-1,3, donnent de nouvelles séries benzimidazole-2-thiones **81** dont l'un des atomes d'azote est substitué par une lactone.

L'alkylation régiospécifique des dérivés **69** et **81** a permis l'accès à de nouveaux dérivés pyranoalkylthio-1,5-benzodiazépine et alkylthiobenzimidazole. Ces séries de produits sont dignes d'intérêt puisque leurs analogues structuraux sont doués d'activités pharmacologiques variées.

PARTIE EXPERIMENTALE

Les spectres de RMN 1H ont été réalisés sur spectromètre Bruker AC 300MHz les déplacements chimiques sont donnés en ppm par rapport au TMS (référence interne). Les conventions sont les suivantes : s : singulet ; d : doublet ; t : triplet ; q : quadruplet ; m : multiplet

Les spectres RMN ^{13}C ont été effectués en J modulé sur un spectromètre Bruker AC 300MHz.

Les spectres de masse ont été réalisés sur un spectromètre Nermag R10-10C avec le mode d'ionisation par impact électronique à 70Ev. Les points de fusion sont pris à l'aide d'un banc Köfler.

Procédé général d'obtention des dérivés 81

0,1 mole de la structure **69** (benzodiazépin-2-thiones) est porté au reflux du n-butanol pendant 8h. Après refroidissement de la solution, un solide blanc précipite, il est filtré et lavé à l'éthanol puis recristallisé dans le minimum de solvant (éthanol).

6-methyl-4-(2-thioxo-2,3-dihydro-1H-benzimidazol-1-yl)-5,6-dihydro-2H-pyran-2-one: 81a

(Rendement:75 %), recristallisation dans l'éthanol, P.F (°C) = 215-217 °C

RMN ^{1}H (DMSO, 300 MHz, δ ppm): 1.43(d, J= 6 Hz, 3H, CH$_3$), 2.94(dd, J$_{ab}$= 16.8, J$_{ac}$=12 Hz, 1H, CH$_2$), 3.10(dd, J$_{ba}$= 16.8, J$_{bc}$=3.6 Hz, 1H, CH$_2$), 4.84(m, 1H, CH), 6.35(s, 1H, CH), 7.24-7.41(m, 4H, arom), 13.18(s, 1H, NH).

RMN ^{13}C (DMSO, 300 MHz, δ ppm): 20(q, $\underline{C}$H $_3$); 33(t, $\underline{C}$H2); 74(d, $\underline{C}$H$_{(6)}$); 110(C $_{(3)}$); 111($\underline{C}$Harom); 118($\underline{C}$Harom); 123 ($\underline{C}$Harom); 124 ($\underline{C}$Harom); 132(C); 132.3(s, C); 151(C $_{(4)}$); 164 (s, CO); 168(CS).

S.M.(IE, 70ev) : M.+ = (calculée, trouvée pour C$_{13}$ H$_{12}$N$_2$ O$_2$ S): 260.31, 260.26

6-methyl-4-(5-methyl-2-thioxo-2,3-dihydro-1H-benzimidazol-1-yl)-5,6-dihydro-2H-pyran-2-one: 81b

(Rendement : 80 %), recristallisation dans l'éthanol, P.F (°C) = 218-220 °C

RMN ^{1}H (DMSO, 300 MHz, δ ppm): 1.43(d, J= 6 Hz, 3H, CH$_3$), 2.37(s, 3H, CH$_3$), 2.93(dd, J$_{ab}$= 16.8, J$_{ac}$=12 Hz, 1H, CH$_2$), 3.16(dd, J$_{ba}$= 16.8, J$_{bc}$=3.6 Hz, 1H, CH$_2$), 4.81(m, 1H, CH), 6.33(s, 1H, CH), 7.02-7.25(m, 3H, arom), 13.00(s, 1H, NH).

RMN ^{13}C (CDCl$_3$, 300 MHz, δ ppm): 20(q, $\underline{C}$H $_3$); 33(t, $\underline{C}$H2); 74(d, $\underline{C}$H$_{(6)}$); 110(C $_{(3)}$); 111($\underline{C}$Harom); 118($\underline{C}$Harom); 123 ($\underline{C}$Harom); 124 ($\underline{C}$arom); 132(C); 132.3(s, C); 151(C $_{(4)}$);

164 (s, CO);   168(CS).

S.M.(IE, 70ev) : M.+ = (calculée, trouvée pour C_{14} $H_{14}N_2$ O_2 S): 274.33, 274.18

4-(5-chloro-2-thioxo-2,3-dihydro-1*H*-benzimidazol-1-yl)-6-methyl-5,6-dihydro-2*H*-pyran-2-one : 81c

(Rendement : 78 %), recristallisation dans l'éthanol, P.F (°C) = 225-227 °C

RMN ^{1}H (DMSO, 300 MHz, δ ppm): 1.43(d, J= 6 Hz, 3H, CH₃), 2.92(dd, J_{ab}= 16.8, J_{ac}=12 Hz, 1H, CH₂), 3.13(dd, J_{ba}= 16.8, J_{bc}=3.6 Hz, 1H, CH₂), 4.83(m, 1H, CH), 6.36(s, 1H, CH), 7.24-7.39(m,   3H, arom), 13.31(s, 1H, NH).

RMN ^{13}C (DMSO, 300 MHz, δ ppm): 20(q, $\underline{C}H_3$); 33(t, $\underline{C}H2$); 74(d, $\underline{C}H_{(6)}$); 110(C $_{(3)}$); 112($\underline{C}$Harom); 119($\underline{C}$Harom); 123 ($\underline{C}$Harom); 129 ($\underline{C}$arom); 131(C); 146(s, C); 151(C $_{(4)}$); 164   (s, CO); 168(CS).

S.M.(IE, 70ev) : M.+ = (calculée, trouvée pour C_{11} $H_{11}ClN_2O_2S$): 294.754, 294.65.

4-(2-thioxo-2,3-dihydro-1*H*-benzimidazol-1-yl)furan-2(5*H*)-one: 81d

(Rendement :73 %), recristallisation dans l'éthanol, P.F (°C) = 222-224 °C

RMN ^{1}H (DMSO, 300 MHz, δ ppm): 5.87(s, 2H, CH₂), 6.93(s, 1H, CH), 7.24-7.71(m, 4H, arom),   13.49(s, 1H, NH).

RMN ^{13}C (DMSO, 300 MHz, δ ppm): 70 (t, $\underline{C}H2$); 106(s, $\underline{C}H_{(3)}$); 111($\underline{C}H$ arom); 113 ($\underline{C}H$ arom); 124 ($\underline{C}$Harom); 126($\underline{C}$arom); 131 ($\underline{C}$arom); 132(s, C); 151 (s, C); 169 (s, CO); 172 (CS).

S.M.(IE, 70ev) : M.+ = (calculée, trouvée pour C_{11} H_8N_2 O_2 S): 232.25, 232.18

4-(5-methyl-2-thioxo-2,3-dihydro-1*H*-benzimidazol-1-yl)furan-2(5*H*)-one: 81e

(Rendement : 68 %), recristallisation dans l'éthanol, P.F (°C)= 228-230 °C

RMN ^{1}H (DMSO, 300 MHz, δ ppm): 2.36(s, 3H, CH₃), 5.88(s, 2H, CH₂), 6.95(s, 1H, CH), 7.12-   7.65(m, 3H, arom), 13.45(s, 1H, NH).

RMN ^{13}C (DMSO, 300 MHz, δ ppm): 70 (t, $\underline{C}H2$); 106(s, $\underline{C}H_{(3)}$); 111($\underline{C}H$ arom); 113 ($\underline{C}H$ arom); 125   ($\underline{C}$Harom); 128($\underline{C}$arom); 131 ($\underline{C}$arom); 135(s, C); 151 (s, C); 169 (s, CO); 172 (CS).

S.M.(IE, 70ev) :M.+ = (calculée, trouvée pour C_{12} $H_{10}N_2$ O_2 S): 246.28, 246.12

4-(5-chloro-2-thioxo-2,3-dihydro-1*H*-benzimidazol-1-yl)furan-2(5*H*)-one : 81f

(Rendement : 62 %), recristallisation dans l'éthanol, P.F (°C) = 232-234°C

RMN ^{1}H (DMSO, 300 MHz, δ ppm) 5.89(s, 2H, CH₂), 6.95(s, 1H, CH), 7.35-7.85(m, 3H, arom), 13.42(s, 1H, NH).

RMN ^{13}C (DMSO, 300 MHz, δ ppm) : 70 (t, $\underline{C}$H2); 106(s, $\underline{C}$H$_{(3)}$); 111($\underline{C}$H arom); 112 ($\underline{C}$H arom); 126 ($\underline{C}$Harom); 129($\underline{C}$arom); 131 ($\underline{C}$arom); 145(s, C); 151 (s, C); 169 (s, CO); 172 (CS).

S.M.(IE, 70ev) : M.+ = (calculée, trouvée pour C$_{11}$H$_7$ClN$_2$O$_2$S): 266.70, 266.57

Procédé général pour obtenir les dérivés **86** et **87**

On dissout 1 mmole de la benzodiazépin-thione ou benzimidazolethione dans 20 ml d'acétone en présence de 2 équivalents (2 mmole) d'une base (Na$_2$CO$_3$), d'un équivalent (1 mmole) d'agent alkylant approprié et d'une quantité catalytique de TBAB. Après deux heures d'agitation à température ambiante, le sel est filtré. Le résidu obtenu après évaporation de l'acétone, est repris dans un mélange chloroforme-eau. La phase aqueuse est extraite plusieurs fois avec le chloroforme. La solution organique est séchée sur Na$_2$SO$_4$, et ensuite évaporée. Le résidu ainsi obtenu est dissous dans le minimum d'éthanol pour donner un précipité, qui est filtré et lavé avec de l'eau puis recristallisé dans l'éthanol.

3-methyl-11-(methylthio)-4,5-dihydropyrano[4,3-b][1,5]benzodiazepin-1(3H)-one : 86a
(Rendement:80 %), recristallisation dans l'éthanol, P.F (°C) = 178-180°C
RMN ^{1}H (CDCl$_3$, 300 MHz, δ ppm): 1.27(d, J= 6 Hz, 3H, CH$_3$), 2.35(s, 3H, CH$_3$), 2.42-2.62(dd, masqué par le signal du DMSO, 2H, CH$_2$), 4.25 (m, 1H, CH), 6.46-6.98(m, 4H, arom), 8.57(m, 1H, NH).
RMN ^{13}C (CDCl$_3$, 300 MHz, δ ppm): 14.56(q, S-$\underline{C}$H $_3$) ; 20.5(q, $\underline{C}$H $_3$); 36(t, $\underline{C}$H2); 70(d, $\underline{C}$H$_{(6)}$); 121($\underline{C}$Harom); 126($\underline{C}$Harom); 126 ($\underline{C}$Harom); 128 ($\underline{C}$Harom); 104(C); 138(s, C); 140(C $_{(4)}$); 165(s, CO); 169($\underline{C}$-S-CH$_3$).
S.M.(IE, 70ev) : M.+ = (calculée, trouvée pour C$_{14}$ H$_{14}$N$_2$ O$_2$ S): 274.33, 274.23

11-(ethylthio)-3-methyl-4,5-dihydropyrano[4,3-b][1,5]benzodiazepin-1(3H)-one : 86b
(Rendement:76 %), recristallisation dans l'éthanol, P.F (°C) = 190-192 °C
RMN ^{1}H (CDCl$_3$, 300 MHz, δ ppm): 1.23(d +t, , 6H, 2CH$_3$), 2.34-2.68(dd, masqué par le signal du DMSO, 2H, CH$_2$), 2.94 (m, 2H, CH$_2$), 4.20 (m, 1H, CH), 6.65-6.99(m, 4H, arom), 8.54(m, 1H, NH).
RMN ^{13}C (CDCl$_3$, 300 MHz, δ ppm): 14.5(q, S-$\underline{C}$H $_3$) ; 20(q, $\underline{C}$H $_3$); 25(t, $\underline{C}$H$_2$); 36(t, $\underline{C}$H2); 70(d, $\underline{C}$H$_{(6)}$); 121($\underline{C}$Harom); 125($\underline{C}$Harom); 126 ($\underline{C}$Harom); 128 ($\underline{C}$Harom); 104(C); 138(s, C); 140(C $_{(4)}$); 165(s, CO); 169($\underline{C}$-S-CH$_2$).

S.M.(IE, 70ev) : M.+ = (calculée, trouvée pour C_{15} $H_{16}N_2$ O_2 S): 288.36,   288.27

3-methyl-11-(prop-2-yn-1-ylthio)-4,5-dihydropyrano[4,3-b][1,5]benzodiazepin-1(3H)-one: 86c

(Rendement : 63 %), recristallisation dans l'éthanol, P.F (°C) = 185-187°C

RMN ^{1}H (CDCl$_3$, 300 MHz, δ ppm): 1.25(d, J= 6 Hz, 3H, CH$_3$), 2.20-2.70(dd +t, masqué par le signal du DMSO, 3H, CH$_2$+ CH), 3.80(d, J= 2.2 Hz, 2H, CH$_2$), 4.25 (m, 1H, CH), 6.65-7.26(m, 4H,   arom), 8.70(m, 1H, NH).

19, 73(CH), 81(C)

RMN ^{13}C (CDCl$_3$, 300 MHz, δ ppm): 20(q, C̲H $_3$); 19(t, S-C̲H $_2$); 19.73(s, S-CH $_2$-C̲C̲H); 37(t, C̲H2)   ; 70(d, C̲H$_{(6)}$); 81(s, S-CH $_2$-C̲); 121(C̲Harom); 126(C̲Harom); 127 (C̲Harom); 129   (C̲Harom); 103(C); 138(s, C); 149(C $_{(4)}$)); 165(s, CO); 170(C̲-S-CH$_2$).   .

S.M.(IE, 70ev) : M.+ = (calculée, trouvée pour C_{15} $H_{12}N_2$ O_2 S): 284.33, 284.25

3,8-dimethyl-11-(methylthio)-4,5-dihydropyrano[4,3-b][1,5]benzodiazepin-1(3H)-one: **86d**

(Rendement : 55 %), recristallisation dans l'éthanol, P.F (°C) = 197-199°C

RMN ^{1}H (CDCl$_3$, 300 MHz, δ ppm): 1.26(d, J= 6 Hz, 3H, CH$_3$), 2.16(s, 3H, CH$_3$), 2.33(s, 3H, CH$_3$),   2.35-2.65(dd, masqué par le signal du DMSO, 2H, CH$_2$), 4.20 (m, 1H, CH), 6.47-6.76(m, 4H,   arom), 8.52(m, 1H, NH).

RMN ^{13}C (CDCl$_3$, 300 MHz, δ ppm : 14(q, S-C̲H $_3$) ;19(q, C̲H $_3$) ;20(q, C̲H $_3$); 36(t, C̲H2); 70(d, C̲H$_{(6)}$); 120(C̲Harom); 125(C̲Harom); 128 (C̲Harom); 102(C); 134(s, C); 140(C); 148(C)   ; 165(s, CO); 169(C̲-S-CH$_3$).

S.M.(IE, 70ev) : M.+ = (calculée, trouvée pour C_{15} $H_{16}ClN_2O_2S$): 288.36, 288.21.

11-(ethylthio)-3,8-dimethyl--4,5-dihydropyrano[4,3-b][1,5]benzodiazepin-1(3H)-one: 86e

(Rendement : 60 %), recristallisation dans l'éthanol, P.F (°C)= 202-204°C

RMN ^{1}H (CDCl$_3$, 300 MHz, δ ppm): 1.25(d +t, , 6H, 2CH$_3$), 2.54(s, 3H, CH$_3$), 2.18-2.57(dd, masqué par le signal du DMSO, 2H, CH$_2$), 3.49(q, 2H, CH$_2$), 4.30(m, 1H, CH), 7.28-7.88(m, 4H, arom),   8.50(m, 1H, NH).

RMN ^{13}C (CDCl$_3$, 300 MHz, δ ppm): 15.4(q, S-C̲H $_3$) ;19.8(q, C̲H $_3$); 20.4(q, C̲H $_3$); 37(t, C̲H2); 70(d,   C̲H$_{(6)}$); 121(C̲Harom); 126(C̲Harom); 126 (C̲Harom); 103(C); 135(s, C); 140(C $_{(4)}$)); 165(s,   CO); 169(C̲-S-CH$_2$).

S.M.(IE, 70ev) :M.+ = (calculée, trouvée pour C_{16} $H_{18}N_2$ O_2 S): 302.39, 302.32

6-methyl-4-[2-(methylthio)-1*H*-benzimidazol-1-yl]-5,6-dihydro-2*H*-pyran-2-one : 87a

(Rendement:85 %), recristallisation dans l'éthanol, P.F (°C) = 142-144 °C

RMN ^{1}H (CDCl$_3$, 300 MHz, δ ppm): 1.59(d, J= 6 Hz, 3H, CH$_3$), 2.82 (s, 3H, CH$_3$), 2.94(m, 2H, CH$_2$),   4.86(m, 1H, CH), 6.29(s, 1H, CH), 7.27-7.72(m, 4H, arom).

RMN ^{13}C (CDCl$_3$, 300 MHz, δ ppm): 15.2(q, S-CH $_3$) ; 20.5(q, CH $_3$); 34.3(t, CH2); 73.9(d, CH$_{(6)}$);   110.1(CH $_{(3)}$); 115(CHarom); 119(CHarom); 123 (CHarom); 124 (CHarom);   135(C); 144(s, C)   ; 150(C $_{(4)}$); 164.2 (s, CO); 152.2(C-S-CH$_3$).

S.M.(IE, 70ev) : M.+ = (calculée, trouvée pour C$_{14}$ H$_{14}$N$_2$ O$_2$ S): 274.33, 274.26

6-methyl-4-[5-methyl-2-(methylthio)-1*H*-benzimidazol-1-yl]-5,6-dihydro-2*H*-pyran-2-one: 87b

(Rendement : 72 %), recristallisation dans l'éthanol, P.F (°C) = 149-151°C

RMN ^{1}H (CDCl$_3$, 300 MHz, δ ppm): 1.58(d, J= 6 Hz, 3H, CH$_3$), 2.47 (s, 3H, CH$_3$), 2.84 (s, 3H, CH$_3$),   2.93(m, 2H, CH$_2$), 4.83(m, 1H, CH), 6.27(s, 1H, CH), 7.07-7.52(m, 3H, arom).

RMN ^{13}C (CDCl$_3$, 300 MHz, δ ppm15.4(q, S-CH $_3$) ; 20.5(q, CH $_3$); 21.4(q, CH $_3$); 34.3(t, CH2); 73.8(d, CH$_{(6)}$); 109.7(CH $_{(3)}$); 115(CHarom); 118(CHarom); 124 (CHarom); 133 (Carom);   134(C); 143(s, C); 149.1(C $_{(4)}$); 164.2 (s, CO); 152.0(C-S-CH$_3$).

S.M.(IE, 70ev) : M.+ = (calculée, trouvée pour C$_{15}$ H$_{16}$N$_2$ O$_2$ S): 288.36, 288.31

4-[5-chloro-2-(methylthio)-1*H*-benzimidazol-1-yl]-6-methyl-5,6-dihydro-2*H*-pyran-2-one : 87c

(Rendement : 77 %), recristallisation dans l'éthanol, P.F (°C) = 167-169°C

RMN ^{1}H (CDCl$_3$, 300 MHz, δ ppm): 1.59(d, J= 6 Hz, 3H, CH$_3$), 2.82 (s, 3H, CH$_3$), 2.91(m, 2H, CH$_2$),   4.83(m, 1H, CH), 6.27(s, 1H, CH), 7.21-7.68(m, 4H, arom).

RMN ^{13}C (CDCl$_3$, 300 MHz, δ ppm) : 15.2(q, S-CH $_3$) ; 20.5(q, CH $_3$); 34.2(t, CH2); 73.8(d, CH$_{(6)}$);   110.6(CH $_{(3)}$); 116(CHarom); 119(CHarom); 123 (CHarom); 129 (Carom);   133(C); 145(s, C);   148.8(C $_{(4)}$); 163.9 (s, CO); 153.8(C-S-CH$_3$).

S.M.(IE, 70ev) : M.+ = (calculée, trouvée pour C$_{14}$H$_{13}$ClN$_2$O$_2$S): 308.78, 308.65.

4-[2-(methylthio)-1*H*-benzimidazol-1-yl]furan-2(5*H*)-one: 87d

(Rendement :79 %), recristallisation dans l'éthanol, P.F (°C) = 155-157°C

RMN ^{1}H (CDCl$_3$, 300 MHz, δ ppm): 2.83 (s, 3H, CH$_3$), 5.88(s, 2H, CH$_2$), 6.94(s, 1H, CH), 7.26- 7.73(m, 4H, arom).

RMN ^{13}C (CDCl$_3$, 300 MHz, δ ppm): 15.3(q, S-CH $_3$) ; 70.3(t, CH$_2$); 106.8(CH $_{(3)}$);

115(CHarom); 118(CHarom); 124(CHarom); 125 (CHarom); 134(C); 138(s, C); 149.7(C (4)); 169.6(s, CO); 154.5(C-S-CH₃).

S.M.(IE, 70ev) : M.+ = (calculée, trouvée pour C_{12} $H_{10}N_2$ O_2 S): 246.28, 246.13

4-[5-methyl-2-(methylthio)-1H-benzimidazol-1-yl]furan-2(5H)-one: 87e

(Rendement : 75 %), recristallisation dans l'éthanol, P.F (°C)= 162-164°C

RMN ¹H (CDCl₃, 300 MHz, δ ppm): 2.35(s, 3H, CH₃), 2.82 (s, 3H, CH₃), 5.86(s, 2H, CH₂), 6.93(s, 1H, CH), 7.15-7.69(m, 3H, arom).

RMN ¹³C (CDCl₃, 300 MHz, δ ppm): 15.4(q, S-CH ₃) ; 70.5(t, CH₂); 106.6(CH (3)); 116(CHarom); 119(CHarom); 125(CHarom); 128 (Carom); 134(C); 140(s, C); 149.5(C (4)); 169.5(s, CO); 153.7(C-S-CH₃).

S.M.(IE, 70ev) :M.+ = (calculée, trouvée pour C_{13} $H_{12}N_2$ O_2 S): 260.31, 260.15

4-[5-chloro-2-(methylthio)-1H-benzimidazol-1-yl]furan-2(5H)-one: 87f

(Rendement : 68 %), recristallisation dans l'éthanol, P.F (°C) = 170-172°C

RMN ¹H (CDCl₃, 300 MHz, δ ppm) : 2.82 (s, 3H, CH₃), 5.89(s, 2H, CH₂), 6.95(s, 1H, CH), 7.32- 7.87(m, 3H, arom).

RMN ¹³C (CDCl₃, 300 MHz, δ ppm) : 15.2(q, S-CH ₃) ; 70.2(t, CH₂); 106.7(CH (3)); 115(CHarom); 118(CHarom); 126(CHarom); 130 (Carom); 138(C); 151(s, C); 149.7(C (4)); 169.2(s, CO); 155.3(C-S-CH₃).

S.M.(IE, 70ev) : M.+ = (calculée, trouvée pour $C_{12}H_9ClN_2O_2S$): 280.73, 280.59

BIBLIOGRAPHIE

[1]-E. J. Salaski., *Tetrahedron Lett.*, Vol. **36**, No. 9, pp. 1387-1390, **1995**.

[2]-D.J. Sheehan, C.A. Hitchcock, C.M. Sibley, *Clin. Microbiol. Rev.*, **12**, 40, **1999**.

[3]-H. Benedikta, D. Puodziunaite, R. Janciene, L. Kosychova, Z. Stumbreviciute, *Arkivoc.*, vol.**1**, 4, **2000**.

[4]- S. G.Donia, *J. Ser. Chem. Soc.*, **51**(2), 67-70, **1986**.

[5]-Y. Donga,J. Y. Roberge , Z. Wang, X. Wang , J.Tamasi , V. Dell, R. Golla, J. R. Corte, Y. Liu, T. Fang, M. N. Anthony, D. M. Schnur, M. L. Agler, J. K. Dickson, R. M. Lawrence, M. M. Prack, R. Seethala, J. H. M. Feyen, *Steroids.*, **69**, 201–217, **2004**.

[6]-P. Zhang, E. A. Terefenko, J. Wrobel, Z. Zhang, Y. Zhu, J. Cohen, K. B. Marschkec, D. Mais., *Bioorg. Med. Chem. Let.*, **11**, 2747–2750, **2001**.

[7]-S. Saluja, R. Zou, J. C. Drach, L. B. Townsend., *J. Med. Chem.*, **39**, 881-891, **1996**.

[8]-V. Sukalovic, D. Andric, G. Roglic, S. Kostic-Rajacic , A. Schrattenholz,V. Soskic, *Eur. J. Med. Chem.*, **40**, 481–493, **2005**.

[9]-P. Sharma, A. Kumar, M. Sharma, *J. Mol.*, **237**, 191–198, **2005**.

[10]- N.S. Habib, R. Soliman, F. A. Ashour, M. el-Taiebi, *Pharmazie.*, **52**, 746, **1997**.

[11]-a) M. Tuncbilek, H. Goker, R. Ertan, R. Eryigit, E. Kendi, E. Altanlar, *Arch. Pharm.*, **330**, 372, **1997**.

-b)G. Navarette-Vazquez, R. Cedillo, A. Hernandez-Campos, L. Yepez, F. Hernandez-Luis, J. Valdez, R. Morales, R. Cortes, M. Hernandez, R. Castillo, *Bioorg. Med. Chem. Lett.*, **11**, 187, **2001**.

-c)J. Z. Stefanska, R. Gralewska, B. J. Starosciak, Z. Kazimierczuk, *Pharmazie.*, **54**, ,879, **1999**.

[12]-E. J. Salaski., *Tetrahedron Lett.*, Vol. **36**, No. 9, pp. 1387-1390, **1995**.

[13]-R. Pauwels, K. Andries, Z. Debyser, M. J. Kukla, D. Schols, H. J. Breslin, R. Woestenborghs, J. Desmyter, M.A. C. Janssen, E. De Clercq, P. A. Janssen, *Antimicr. Age. Chemoth.*, p. 2863-2870,Dec. **1994**.

[14]-H. Benedikta, D. Puodziunaite, R. Janciene, L. Kosychova, Z. Stumbreviciute, *Arkivoc.*, vol.**1**, 4, **2000**.

[15]-A. Mavrova, K. K. Anichina, D. I. Vuchev, J. A. Tsenov, S. Kondevad, M. K. Micheva, *Bioorg. Med. Chem.*, **13**, 5550–5559, **2005**.

[16]-B. Raju, N. Nguyen, G. W. Holland, *J. Comb. Chem.*, **4**, 320-328, **2002**.

[17] -G. C. Penieres, I. A. Bonifas, J.G. C. Lopez, J. G. E. Garcia, C. T. Alvarez, *Synthetic*

Communications., **30**(12), 2191-2195, **2000**.

[18]-P. K. Mohanta, S. Dhar, S. K. Samal, H. Junjappa, *Tetrahedron.*, **56**(4), 629-637, **2000**.

[19]- C. M. Yeh, C. M. Sun, *Synlett.*, **6**, 810-812, **1999**.

[20]-N. B. Ambati, V. N. S. R. Babu, V. Anand, P. Hanumanthu, *Synthetic Communications.*, **29**(2), 289-294, **1999**.

[21]-Z. Vejdelek, V. Kmonicek, J. Krepelka, *Czech.*, 268485, 31 Aug **1990**

[22]-Y. Saegusa, S. Harada, S. Nakamura., *J. Heterocycl. Chem.*, **25**(5), 1337-42, **1988**.

[23]-M. Amari, M. Fodili, B. Nedjer. Kolli, P. Hoffmann, J. Périé, *J. Heterocyclic. Chem.*, **39**, 1, **2002**.

[24]-M. Salem, *Thèse de Doctorat d'état*, Rabat, Maroc, **1985**.

[25]-E. M. Essassi, M. Salem, Bull. *Soc. Chim. Belg.*, **94**, 40, **1985**.

[26]-L. Hammal, M. Fodili, M. Amari, N. Khier, B. Nedjer. Kolli, C. André, P. Hoffmann, J. Périé, *Heterocycles.*, **63**, 6, 1409 – 1416, **2004**.

[27]-R. Achour, E. M. Essassi, R. Zniber, *Tetrahedron Lett.*, Vol.29, N°.2, 195-198, **1988**.

[28]- R. Zniber, *Thèse de Doctorat d'état*, Rabat, Maroc, **1981**

[29]-M. Israel, L. C. Jones, E. J. Modest, *Tetrahedron Lett.*, **29**, 4811, **1988**.

[30]-A. A.Gaponov, N. Y. Bozhanova, Z. F. Solomko, G. M. Farina., *Khim. Geterotsikl. Soed.*, **10**, 1430, **1991**.

[31]-F. Eiden, E. Schulte., *Arch. Pharm* (Weinheim, Germany)., **309**(8), 675-8, **1976**.

[32]-a)P. Clerc, S. Simon., *Spectral Data for Structure Determination of Organic Compounds.* ^{13}C-NMR, ^{1}H-NMR, IR, MS, UV/Vis Chemical lLaboratory Protice. Second Ed. Spinger- Verlag,. Berlin. Heidelberg, **1989**.

-b) [33]- R. Francis, S., *Webster spectrometric identification of Organic Compounds.* 6eme Edi, **1996**.

[33]-S. Elhazazi, A.Baouid, A. Hasnaoui, P. Compain ., *Synthetic communications.*, **30**, 1, 19, **2003**.

[34]-G. Grossi, M. Di Braccio, G. Roma, V. Ballabeni, M. Tognolini, F. Calcina, E. Barocelli., *Eur. J. Med. Chem.*, **37**, 9339-44, **2002**.

[35]-M. Di Braccio, G. Grossi, M. Ceruti, F. Rocco, R. Loddo, G. Sanna, B. Busonera, M. Murreddu, M. E. Marongiu., *Il Farmaco.*, **60**, 113–125, **2005**.

[36]-C. M. Yeh, C. M. Sun., *Tetrahedron Lett.*, **40**, 7247-7250, **1999**.

[37]-E. Cereda, M. Turconi, A. Ezhaya, E. Bellora, A. Brambilla, E. Pagani, A. Donetti., *Eur. J. Med. Chem.*, **22**, 527, **1987**.

[38]-H. Kugishima, T. Horie, K. Imafuku., *J. Heterocyclic Chem.*, **31**, 1557, **1994**.

[39]- S. Salluja, R. Zou, J. C. Drach, L. B.Townsend., *J. Med. Chem.*, **39**, 881, **1996**.

[40]-H. Zarrinmayeh, D. M. Zimmerman, B. E. Cantrell, D. A. Schober, R. E Bruns, S. L. Gackenheimer, P. L. Ornstein, P. A. Hipskind, T. C. Britton, D. R.Gehlert., *Bioorg. Med. Chem. Lett.*, **9**, 647, **1999**.

[41]-M. D. Nair, K. Nagarajan., *Prog. Drug Res.*, **215**, 321, **1980**.

[42]-E. Cereda, M. Turconi, A. Ezhaya, E. Bellora, A. Brambilla, F. Pagani, A. Donetti., *Eur. J. Med. Chem.*, Volume **22**, Issue 6, Pages 527-537, **1987**.

[43]-H. Péré, V. Chassé, J. M. Forest, P. Hildgen., *Pharmactuel.*, Vol.37, N° 4, **2004**.

[44]-J. M. Gardiner, C. R. Loyns, A. Burke, A. Khan, N. Mahmood., *Bioorg. Med. Chem. Lett.*, Vol. **5**, No. 12, pp. 1251-1254, **1995**.

[45]-D. Carcanague, Y. K. Shue, M. A. Wuonola, M. U. Nickelsen, C. Joubran, J. K. Abedi, J. Jones, T. C. Kühler., *J. Med. Chem.*, **45**, 4300-4309, **2002**.

[46]-K. Sztanke, K. Pasternak, A. S. Wo jtowicz, J.Truchlinska, K. Jozwiak., *Bioorganic & Medicinal Chemistry.*, **14**, 3635–3642, **2006**.

[47]-J. Valdez, R. Cedillo, A. H. Campos, L. Yépez, F. H. Luis, G. N. Vazquez, A. Tapia, R. Cortes, M. Hernandez, R. Castillo., *Bioorg. Med. Chem. Lett.*, **12**, 2221–2224, **2002**.

[48]-R. Janciene, Z. Stumbreviciute, L. Pleckaitiene, B. Puodziunaite, *Chem. Heterocyclic Comp., Vol.* **38**, No. 6, **2002**.

[49]-R. Achour, E. M. Essassi,R. Zniber., *Tetrahedron Lett.*, **29**(2), 195-8, **1988**.

CONCLUSION GENERALE

CONCLUSION GENERALE

Au terme de ce travail, nous pensons avoir contribué au développement de quelques méthodes de synthèses de molécules hétérocycliques, associant les motifs lactonique à d'autres hétérocycles tels que les benzodiazépines, les quinoxalines, les benzotriazoles et benzimidazoles dont les potentialités biologiques sont remarquables.

Nous avons effectué différentes modifications structurales autour de nos composés chefs de file (énaminopyrone et énaminofuranone). En particulier, nous nous sommes intéressés à l'introduction de groupements fonctionnels sur le carbone en α de l'azote dans les structures pyranobenzodiazépines, afin d'introduire ultérieurement d'autres hétérocycles.

Les résultats essentiels suivants ont été obtenus:

-Nous avons mis au point une méthode de synthèse des quinoxalines par l'époxydation de la structure pyrano1,5- benzodiazépine en utilisant un agent oxydant simple et peu coûteux, le NaOCl. La structure des composés obtenus ainsi que le mécanisme réactionnel ont été décrits en détail. Une preuve matérielle a été établie par le piégeage du carbène résultant de la réaction d'époxydation, à l'origine d'une contraction du cycle diazépine en pyrazine.

-L'étude de la réactivité de la structure pyranoquinoxaline vis à vis des amines primaires et secondaires a été réalisée. Les résultats obtenus montrent que le produit obtenu dépend de la nature de l'amine ainsi que de l'encombrement stérique de cette dernière. Les amines primaires transforment le motif pyrone en pyridine alors que les amines secondaires et primaires encombrés conduisent aux produits d'ouverture de la pyrone.

-Nous avons décrit dans un troisième chapitre la synthèse d'une nouvelle série associant deux motifs biologiquement actifs: la structure lactonique et la structure benzotriazole, par action de $NaNO_2$ sur les énaminones de structure **38** et **39**.

-Dans le quatrième chapitre, nous avons développé deux voies d'accès à des structures de type 1,5-benzodiazépines. Les énaminones de structure **38** et **39** ont servi, dans les deux voies comme produit de départ :

a)- L'action de CS_2 en milieu basique sur les énaminones **38** et **39** conduit en une seule étape aux dérivés de structure 1,5-benzodiazépin-2-thione avec de bon rendement.

b)- Le traitement des énaminones **38** et **39** avec le cyanure de brome au reflux de l'éthanol permet l'obtention de la structure bromohydrate de 2-amino 1,5-benzodiazépine. A notre connaissance, ce réactif n'a jamais été utilisé dans ce type d'hétérocyclisation.

-Nous avons montré dans le dernier chapitre que l'effet thermique (reflux à 110 °C pendant 8h) sur les structures pyranobenzodiazépin-2-thione conduit à la formation de nouveaux systèmes hétérocycliques de type benzimidazole-2-thione via un réarrangement intramoléculaire de type -1,3.

-Enfin, nous avons effectué des modifications structurales, par l'introduction de nouveaux substituants sur la structure benzimidazole thione, par le bais de réactions d'alkylation. Cette stratégie, nous a permis de synthétiser des structures de type 2-alkyl thiobenzimidazole. La même réaction, nous a permis d'élaborer de nouveaux composés de type alkylthio-1,5-benzodiazépine, que nous projetons d'utiliser par la suite dans la synthèse de nouveaux systèmes hétérocycliques.

Ces travaux présentent un double intérêt, pharmacochimique d'une part, par la conception de nouveaux hétérocycles biologiquement actifs et synthétique d'autre part, par le développement de nouvelles voies réactionnelles dans le domaine plus spécifique de la chimie hétérocyclique.

Nous projetons dans l'immédiat, de déterminer l'intérêt de ces produits en termes d'applications biologiques en les soumettant à des tests sur un certain nombre de cibles biologique selon des techniques automatisées.

Zeitfracht Medien GmbH
Ferdinand-Jühlke-Straße 7
99095 Erfurt, Deutschland
produktsicherheit@kolibri360.de

Druck:
CPI Druckdienstleistungen GmbH
im Auftrag der
Zeitfracht Medien GmbH
Ein Unternehmen der Zeitfracht - Gruppe
Ferdinand-Jühlke-Str. 7
99095 Erfurt